T0131820

Konrad Reif

Herausgeber

Basiswissen Dieselmotor-Management

Einspritzung, elektronische Steuerung und Regelung

 Springer Vieweg

Herausgeber
Prof. Dr.-Ing. Konrad Reif
Duale Hochschule Baden-Württemberg
Ravensburg, Campus Friedrichshafen
Friedrichshafen, Deutschland
editor@reif.re

Grundlagen Kraftfahrzeugtechnik lernen

ISBN 978-3-658-13985-8

Die Deutsche Nationalbibliothek verzeichnet diese Publikation in der Deutschen Nationalbibliographie; detaillierte bibliographische Daten sind im Internet über http://dnb.d-nb.de abrufbar.

Springer Vieweg
© Springer Fachmedien Wiesbaden GmbH 2018

Gedruckt auf säurefreiem und chlorfrei gebleichtem Papier.

Springer Vieweg ist Teil von Springer Nature
Die eingetragene Gesellschaft ist Springer Fachmedien Wiesbaden GmbH
Die Anschrift der Gesellschaft ist: Abraham-Lincoln-Str. 46, 65189 Wiesbaden, Germany

Vorwort

Die beständige, jahrzehntelange Vorwärtsentwicklung der Fahrzeugtechnik zwingt den Fachmann dazu, mit dieser Entwicklung Schritt zu halten. Dies gilt nicht nur für junge Leute in der Ausbildung und die Ausbilder selbst, sondern auch für jeden, der schon länger auf dem Gebiet der Fahrzeugtechnik und -elektronik arbeitet. Dabei nimmt neben den klassischen Gebieten Fahrzeug- und Motorentechnik die Elektronik eine immer wichtigere Rolle ein. Die Aus- und Weiterbildungsangebote müssen dem Rechnung tragen, genauso wie die Studienangebote.

Der Fachlehrgang „Grundlagen Kraftfahrzeugtechnik lernen" nimmt auf diesen Bedarf Bezug und bietet mit zehn Einzelthemen einen leichten Einstieg in das wichtige und umfangreiche Gebiet der Kraftfahrzeugtechnik. Eine fachlich fundierte und anwendungsorientierte Darstellung garantiert eine direkte Verwertbarkeit des Fachlehrgangs in der Praxis. Die leichte Verständlichkeit machen diesen für das Selbststudium besonders geeignet.

Der hier vorliegende Teil des Fachlehrgangs „Basiswissen Dieselmotor-Management" behandelt die Diesel-Einspritzsysteme und die Regelung des Dieselmotors in einer kompakten und übersichtlichen Form. Dabei wird auf das Common-Rail-System und dessen Hochdruckkomponenten sowie auf Einzelzylinder-Systeme eingegangen. Außerdem werden Einspritzdüsen, Hochdruckverbindungen, die Kraftstoffversorgung und die elektronische Dieselregelung behandelt. Dieser Teil des Fachlehrgangs wurde aus der 5. Auflage des Buches „Dieselmotor-Management" aus der Reihe Bosch Fchinformation Automobil neu zusammengestellt.

Friedrichshafen, im Oktober 2017   Konrad Reif

Inhaltsverzeichnis

Diesel-Einspritzsysteme im Überblick

Bauarten... 4

Systemübersicht Common Rail

Abwendungsgebiete 10
Aufbau 11
Arbeitsweise.. 12
Common Rail System für Pkw.......................... 16
Common Rail System für Nkw 21

Hochdruckkomponenten des Common Rail Systems

Übersicht.. 24
Injektor 24
Hochdruckpumpen 36
Rail (Hochdruckspeicher)................................ 41
Hochdrucksensoren 42
Druckregelventil.. 43
Druckbegrenzungsventil................................. 44

Systemübersicht der Einzelzylinder-Systeme

Einzeleinspritzpumpen PF............................... 46
Unit Injector System UIS und
    Unit Pump System UPS............................. 48
Systembild UIS für Pkw................................... 50
Systembild UIS/UPS für Nkw 52

Unit Injector System UIS

Einbau und Antrieb 54
Aufbau 55
Arbeitsweise des UI für Pkw........................... 58
Arbeitsweise des UI für Nkw 61
Hochdruckmagnetventil.................................. 63

Unit Pump System UPS

Einbau und Antrieb 66
Aufbau 66
Stromgeregelte Einspritzverlaufsformung CCRS........ 68

Einspritzdüsen

Lochdüsen 72
Weiterentwicklung der Düse 76

Hochdruckverbindungen

Hochdruckanschlüsse...................................... 78
Hochdruck-Kraftstoffleitungen 79

Kraftstoffversorgung Niederdruckteil

Übersicht.. 82
Kraftstoffpumpe 84
Kraftstofffilter 89

Elektronische Dieselregelung EDC

Systemübersicht.. 94
Common Rail System für Pkw.......................... 96
Common Rail System für Nkw 97
Unit Injector System UIS für Pkw 98
Unit Injector System UIS und
    Unit Pump System UPS für Nkw 99
Datenverarbeitung 100
Regelung der Einspritzung.............................. 102
Lambda-Regelung für Pkw-Dieselmotoren.................. 110
Momentengeführte EDC-Systeme.................... 115

Redaktionelle Kästen

Dieselboom in Europa...................................... 15
Diesel-Einspritzsysteme im Überblick.............. 20
Der Piezo-Effekt.. 35
Diesel Einspritz-Geschichte 65
Dimensionen der Diesel-Einspritztechnik 71
Dieseleinspritzung ist Präzisionstechnik 77
Kavitation im Hochdruck-Kraftstoffsystem..................... 81
Filtrierung des Dieselkraftstoffs 90
Filtrationseffekte 93
Injektormengenabgleich.................................. 109
Regeln und Steuern... 114

Herausgeber

Prof. Dr.-Ing. Konrad Reif

Autoren

Dipl.-Ing. Felix Landhäußer,
Dr.-Ing. Ulrich Projahn,
Dipl.-Inform. Michael Heinzelmann,
Dr.-Ing. Ralf Wirth.
(Common Rail System)

Dipl.-Ing. Sandro Soccol,
Dirk Dörhöfer.
(Hochdruckpumpen)

Ing. Herbert Strahberger,
Ing. Helmut Sattmann.
(Rail und Anbaukomponenten)

Dipl.-Ing. Thilo Klam,
Dipl.-Ing. (FH) Andreas Rettich,
Dr. techn. David Holzer,
Dipl.-Ing. (FH) Andreas Koch.
(Magnetventil-Injektoren)

Dr.-Ing. Patrick Mattes,
(Piezo-Inline-Injektor)

Dipl.-Ing. (HU) Carlos Alvarez-Avila,
Dipl.-Ing. Guilherme Bittencourt,
Dr. rer. nat. Carlos Blasco Remacha,
Dr.-Ing. Günter Dreidger,
Dipl.-Ing. Stefan Eymann,
Dipl.-Ing. Alessandro Fauda,
Dipl.-Ing. Dipl.-Wirtsch.-Ing.
  Matthias Hickl,
Dipl.-Ing. (FH) Andreas Hirt,
Dipl.-Ing. (FH) Guido Kampa
Dipl.-Betriebsw. Meike Keller,
Dr. rer. nat. Walter Lehle,
Dipl.-Ing. Rainer Merkle,
Dipl.-Ing. Roger Potschin,
Dr.-Ing. Ulrich Projahn,

Dr. rer. nat. Andreas Rebmann,
Dipl.-Ing. Walter Reinisch,
Dipl.-Ing. Nestor Rodriguez-Amaya,
Dipl.-Ing. Friedemann Weber,
Dipl.-Ing. (FH) Willi Weippert,
Dipl.-Ing. Ralf Wurm.
(Unit Injector System – Unit Pump System)

Dipl.-Ing. Thomas Kügler,
(Einspritzdüsen)

Dipl.-Ing. (FH) Rolf Ebert,
Dipl.-Betriebsw. Meike Keller,
Dr.-Ing. Gunnar-Marcel Klein
  (Filterwerk Mann + Hummel,
  Ludwigsburg),
Dr.-Ing. Ulrich Projahn.
(Kraftstoffversorgung Niederdruckteil)

Dipl.-Ing. (FH) Mikel Lorente Susaeta,
Dipl.-Ing. Martin Grosser,
Dr.-Ing. Andreas Michalske.
(Elektronische Dieselregelung)

Soweit nicht anders angegeben,
handelt es sich um Mitarbeiter der
Robert Bosch GmbH.

Diesel-Einspritzsysteme im Überblick

Das Einspritzsystem spritzt den Kraftstoff unter hohem Druck, zum richtigen Zeitpunkt und in der richtigen Menge in den Brennraum ein. Wesentliche Komponenten des Einspritzsystems sind die Einspritzpumpe, die den Hochdruck erzeugt, sowie die Einspritzdüsen, die – außer beim Unit Injector System – über Hochdruckleitungen mit der Einspritzpumpe verbunden sind. Die Einspritzdüsen ragen in den Brennraum der einzelnen Zylinder.

Bei den meisten Systemen öffnet die Düse, wenn der Kraftstoffdruck einen bestimmten Öffnungsdruck erreicht und schließt, wenn er unter dieses Niveau abfällt. Nur beim Common Rail System wird die Düse durch eine elektronische Regelung fremdgesteuert.

Bauarten

Die Einspritzsysteme unterscheiden sich i. W. in der Hochdruckerzeugung und in der Steuerung von Einspritzbeginn und -dauer. Während ältere Systeme z. T. noch rein mechanisch gesteuert werden, hat sich heute die elektronische Regelung durchgesetzt.

Reiheneinspritzpumpen

Standard-Reiheneinspritzpumpen

Reiheneinspritzpumpen (Bild 1) haben je Motorzylinder ein Pumpenelement, das aus Pumpenzylinder (1) und Pumpenkolben (4) besteht. Der Pumpenkolben wird durch die in der Einspritzpumpe integrierte und vom Motor angetriebene Nockenwelle (7) in Förderrichtung (hier nach oben) bewegt und durch die Kolbenfeder (5) zurückgedrückt. Die einzelnen Pumpenelemente sind in Reihe angeordnet (daher der Name Reiheneinspritzpumpe).

Der Hub des Kolbens ist unveränderlich. Verschließt die Oberkante des Kolbens bei der Aufwärtsbewegung die Ansaugöffnung (2), beginnt der Hochdruckaufbau. Dieser Zeitpunkt wird Förderbeginn genannt. Der Kolben bewegt sich weiter aufwärts. Dadurch steigt der Kraftstoffdruck, die Düse öffnet und Kraftstoff wird eingespritzt.

Gibt die im Kolben schräg eingearbeitete Steuerkante (3) die Ansaugöffnung frei, kann Kraftstoff abfließen und der Druck bricht zusammen. Die Düsennadel schließt und die Einspritzung ist beendet.

Der Kolbenweg zwischen Verschließen und Öffnen der Ansaugöffnung ist der Nutzhub.

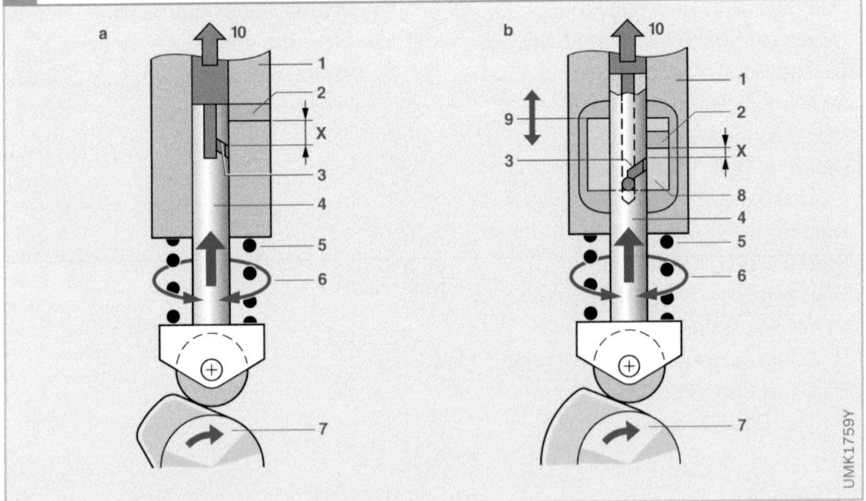

Bild 1

a Standard-Reiheneinspritzpumpe
b Hubschieber-Reiheneinspritzpumpe

1 Pumpenzylinder
2 Ansaugöffnung
3 Steuerkante
4 Pumpenkolben
5 Kolbenfeder
6 Verdrehweg durch Regelstange (Einspritzmenge)
7 Antriebsnocken
8 Hubschieber
9 Verstellweg durch Stellwelle (Förderbeginn)
10 Kraftstofffluss zur Einspritzdüse
X Nutzhub

1 Funktionsprinzip der Reiheneinspritzpumpe

UMK1759Y

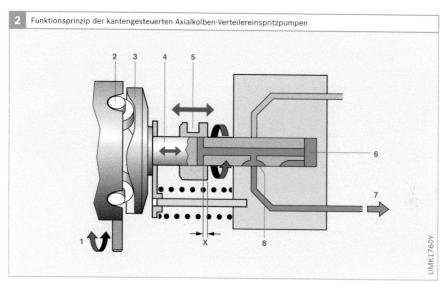

2 Funktionsprinzip der kantengesteuerten Axialkolben-Verteilereinspritzpumpen

Bild 2
1 Spritzverstellerweg am Rollenring
2 Rolle
3 Hubscheibe
4 Axialkolben
5 Regelschieber
6 Hochdruckraum
7 Kraftstofffluss zur Einspritzdüse
8 Steuerschlitz
X Nutzhub

Je größer der Nutzhub ist, desto größer ist auch die Förder- bzw. Einspritzmenge.

Zur drehzahl- und lastabhängigen Steuerung der Einspritzmenge wird über eine Regelstange der Pumpenkolben verdreht. Dadurch verändert sich die Lage der Steuerkante relativ zur Ansaugöffnung und damit der Nutzhub. Die Regelstange wird durch einen mechanischen Fliehkraftregler oder ein elektrisches Stellwerk gesteuert.

Einspritzpumpen, die nach diesem Prinzip arbeiten, heißen „kantengesteuert".

Hubschieber-Reiheneinspritzpumpen

Die Hubschieber-Reiheneinspritzpumpe hat einen auf dem Pumpenkolben gleitenden Hubschieber (Bild 1, Pos. 8), mit dem der Vorhub – d. h. der Kolbenweg bis zum Verschließen der Ansaugöffnung – über eine Stellwelle verändert werden kann. Dadurch wird der Förderbeginn verschoben.

Hubschieber-Reiheneinspritzpumpen werden immer elektronisch geregelt. Einspritzmenge und Spritzbeginn werden nach berechneten Sollwerten eingestellt.

Bei der Standard-Reiheneinspritzpumpe hingegen ist der Spritzbeginn abhängig von der Motordrehzahl.

Verteilereinspritzpumpen

Verteilereinspritzpumpen haben nur ein Hochdruckpumpenelement für alle Zylinder (Bilder 2 und 3). Eine Flügelzellenpumpe fördert den Kraftstoff in den Hochdruckraum (6). Die Hochdruckerzeugung erfolgt durch einen Axialkolben (Bild 2, Pos. 4) oder mehrere Radialkolben (Bild 3, Pos. 4). Ein rotierender zentraler Verteilerkolben öffnet und schließt Steuerschlitze (8) und Steuerbohrungen und verteilt so den Kraftstoff auf die einzelnen Motorzylinder. Die Einspritzdauer wird über einen Regelschieber (Bild 2, Pos. 5) oder über ein Hochdruckmagnetventil (Bild 3, Pos. 5) geregelt.

Axialkolben-Verteilereinspritzpumpen

Eine rotierende Hubscheibe (Bild 2, Pos. 3) wird vom Motor angetrieben. Die Anzahl der Nockenerhebungen auf der Hubscheibenunterseite entspricht der Anzahl der Motorzylinder. Sie wälzen sich auf den Rollen (2) des Rollenrings ab und bewirken dadurch beim Verteilerkolben zusätzlich zur Drehbewegung eine Hubbewegung. Während einer Umdrehung der Antriebswelle macht der Kolben so viele Hübe, wie Motorzylinder zu versorgen sind.

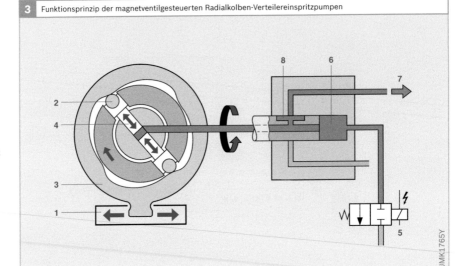

3 Funktionsprinzip der magnetventilgesteuerten Radialkolben-Verteilereinspritzpumpen

Bild 3
1 Spritzverstellerweg
   am Nockenring
2 Rolle
3 Nockenring
4 Radialkolben
5 Hochdruck-
   magnetventil
6 Hochdruckraum
7 Kraftstofffluss zur
   Einspritzdüse
8 Steuerschlitz

Bei der kantengesteuerten Axialkolben-Verteilereinspritzpumpe mit mechanischem Fliehkraft-Drehzahlregler oder elektronisch geregeltem Stellwerk bestimmt ein Regelschieber (5) den Nutzhub und dosiert dadurch die Einspritzmenge.

Ein Spritzversteller verstellt den Förderbeginn der Pumpe durch Verdrehen des Rollenrings.

Radialkolben-Verteilereinspritzpumpen
Die Hochdruckerzeugung erfolgt durch eine Radialkolbenpumpe mit Nockenring (Bild 3, Pos. 3) und zwei bis vier Radialkolben (4). Mit Radialkolbenpumpen können höhere Einspritzdrücke erzielt werden als mit Axialkolbenpumpen. Sie müssen jedoch eine höhere mechanische Festigkeit aufweisen.

Der Nockenring kann durch den Spritzversteller (1) verdreht werden, wodurch der Förderbeginn verschoben wird. Einspritzbeginn und Einspritzdauer sind bei der Radialkolben-Verteilereinspritzpumpe ausschließlich magnetventilgesteuert.

Magnetventilgesteuerte Verteilereinspritzpumpen
Bei magnetventilgesteuerten Verteilereinspritzpumpen dosiert ein elektronisch gesteuertes Hochdruckmagnetventil (5) die Einspritzmenge und verändert den Einspritzbeginn. Ist das Magnetventil geschlossen, kann sich im Hochdruckraum (6) Druck aufbauen. Ist es geöffnet, entweicht der Kraftstoff, sodass kein Druck aufgebaut und dadurch nicht eingespritzt werden kann. Ein oder zwei elektronische Steuergeräte (Pumpen- und ggf. Motorsteuergerät) erzeugen die Steuer- und Regelsignale.

Einzeleinspritzpumpen PF
Die vor allem für Schiffsmotoren, Diesellokomotiven, Baumaschinen und Kleinmotoren eingesetzten Einzeleinspritzpumpen PF (Pumpe mit Fremdantrieb) werden direkt von der Motornockenwelle angetrieben. Die Motornockenwelle hat – neben den Nocken für die Ventilsteuerung des Motors – Antriebsnocken für die einzelnen Einspritzpumpen.

Die Arbeitsweise der Einzeleinspritzpumpe PF entspricht ansonsten im Wesentlichen der Reiheneinspritzpumpe.

Unit Injector System UIS

Beim Unit Injector System, UIS (auch **Pumpe-Düse-Einheit, PDE**, genannt), bilden die Einspritzpumpe und die Einspritzdüse eine Einheit (Bild 4). Pro Motorzylinder ist ein Unit Injector in den Zylinderkopf eingebaut. Er wird von der Motornockenwelle entweder direkt über einen Stößel oder indirekt über Kipphebel angetrieben.

Durch die integrierte Bauweise des Unit Injectors entfällt die bei anderen Einspritzsystemen erforderlich Hochdruckleitung zwischen Einspritzpumpe und Einspritzdüse. Dadurch kann das Unit Injector System auf einen wesentlich höheren Einspritzdruck ausgelegt werden. Der maximale Einspritzdruck liegt derzeit bei 2200 bar.

Das Unit Injector System wird elektronisch gesteuert. Einspritzbeginn und -dauer werden von einem Steuergerät berechnet und über ein Hochdruckmagnetventil gesteuert.

Unit Pump System UPS

Das Unit Pump System, UPS (auch **Pumpe-Leitung-Düse, PLD**, genannt), arbeitet nach dem gleichen Verfahren wie das Unit Injector System (Bild 5). Im Gegensatz zum Unit Injector System sind hier jedoch die Düsenhalterkombination (2) und die Einspritzpumpe über eine kurze Hochdruckleitung (3) miteinander verbunden. Die Trennung von Hochdruckerzeugung und Düsenhalterkombination erlaubt einen einfacheren Anbau am Motor. Je Motorzylinder ist eine Einspritzeinheit (Einspritzpumpe, Leitung und Düsenhalterkombination) eingebaut. Sie wird von der Nockenwelle des Motors (6) angetrieben.

Auch beim Unit Pump System werden Einspritzdauer und Einspritzbeginn mit einem schnell schaltenden Hochdruckmagnetventil (4) elektronisch geregelt.

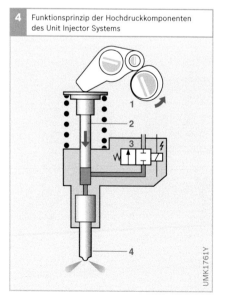

4 Funktionsprinzip der Hochdruckkomponenten des Unit Injector Systems

UMK1761Y

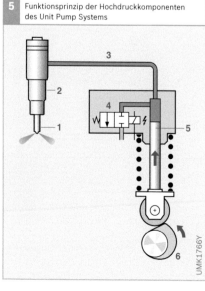

5 Funktionsprinzip der Hochdruckkomponenten des Unit Pump Systems

UMK1766Y

Bild 4
1 Antriebsnocken
2 Pumpenkolben
3 Hochdruck-
   magnetventil
4 Einspritzdüse

Bild 5
1 Einspritzdüse
2 Düsenhalter-
   kombination
3 Hochdruckleitung
4 Hochdruck-
   magnetventil
5 Pumpenkolben
6 Antriebsnocken

Common Rail System CRS

Beim Hochdruckspeicher-Einspritzsystem Common Rail sind Druckerzeugung und Einspritzung voneinander entkoppelt. Dies geschieht mithilfe eines Speichervolumens, das sich aus der gemeinsamen Verteilerleiste (Common Rail) und den Injektoren zusammensetzt (Bild 6). Der Einspritzdruck wird weitgehend unabhängig von Motordrehzahl und Einspritzmenge von einer Hochdruckpumpe erzeugt. Das System bietet damit eine hohe Flexibilität bei der Gestaltung der Einspritzung.

Das Druckniveau liegt derzeit bei bis zu 2200 bar.

Funktionsweise

Eine Vorförderpumpe fördert Kraftstoff über ein Filter mit Wasserabscheider zur Hochdruckpumpe. Die Hochdruckpumpe sorgt für den permanent erforderlichen hohen Kraftstoffdruck im Rail.

Einspritzzeitpunkt und Einspritzmenge sowie Raildruck werden in der elektronischen Dieselregelung (EDC, Electronic Diesel Control) abhängig vom Betriebszustand des Motors und den Umgebungsbedingungen berechnet.

Die Dosierung des Kraftstoffs erfolgt über die Regelung von Einspritzdauer und Einspritzdruck. Über das Druckregelventil, das überschüssigen Kraftstoff zum Kraftstoffbehälter zurückleitet, wird der Druck geregelt. In einer neueren CR-Generation wird die Dosierung mit einer Zumesseinheit im Niederdruckteil vorgenommen, welche die Förderleistung der Pumpe regelt.

Der Injektor ist über kurze Zuleitungen ans Rail angeschlossen. Bei früheren CR-Generationen kommen Magnetventil-Injektoren zum Einsatz, während beim neuesten System Piezo-Inline-Injektoren verwendet werden. Bei ihnen sind die bewegten Massen und die innere Reibung reduziert, wodurch sich sehr kurze Abstände zwischen den Einspritzungen realisieren lassen. Dies wirkt sich positiv auf die Emissionen aus.

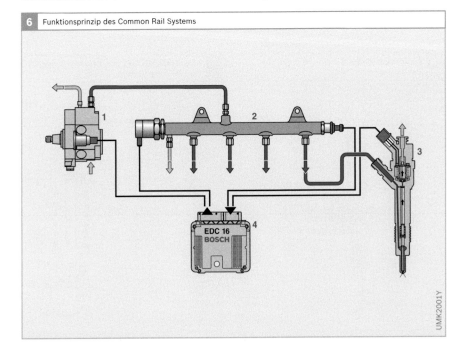

6   Funktionsprinzip des Common Rail Systems

UMK2001Y

Bild 6

1   Hochdruckpumpe
2   Rail
3   Injektor
4   EDC-Steuergerät

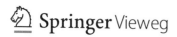

Systemübersicht Common Rail

Die Anforderungen an die Einspritzsysteme des Dieselmotors steigen ständig. Höhere Drücke, schnellere Schaltzeiten und eine flexible Anpassung des Einspritzverlaufs an den Betriebszustand des Motors machen den Dieselmotor sparsam, sauber und leistungsstark. So haben Dieselmotoren auch den Einzug in die automobile Oberklasse gefunden.

Eines dieser hoch entwickelten Einspritzsysteme ist das Speichereinspritzsystem Common Rail (CR). Der Hauptvorteil des Common Rail Systems liegt in den großen Variationsmöglichkeiten bei der Gestaltung des Einspritzdrucks und der Einspritzzeitpunkte. Dies wird durch die Entkopplung von Druckerzeugung (Hochdruckpumpe) und Einspritzung (Injektoren) erreicht. Als Druckspeicher dient dabei das Rail.

Anwendungsgebiete

Das Speichereinspritzsystem Common Rail für Motoren mit Diesel-Direkteinspritzung (Direct Injection, DI) wird in folgenden Fahrzeugen eingesetzt:
▶ Pkw mit sehr sparsamen Dreizylinder-Motoren von 0,8 l Hubraum, 30 kW (41 PS) Leistung, 100 Nm Drehmoment und einem Kraftstoffverbrauch von 3,5 l/100 km bis hin zu Achtzylinder-Motoren in Oberklassefahrzeugen mit ca. 4 l Hubraum, 180 kW (245 PS) Leistung und 560 Nm Drehmoment.
▶ Leichte Nkw mit Leistungen bis 30 kW/Zylinder sowie
▶ schwere Nkw bis hin zu Lokomotiven und Schiffen mit Leistungen bis ca. 200 kW/Zylinder.

1 Speichereinspritzsystem Common Rail an einem Fünfzylinder-Dieselmotor

UMK1991Y

Bild 1
1 Kraftstoff-
   Rückleitung
2 Hochdruck-Kraft-
   stoffleitung zum
   Injektor
3 Injektor
4 Rail
5 Raildrucksensor
6 Hochdruck-
   Kraftstoffleitung
   zum Rail
7 Kraftstoff-Rücklauf
8 Hochdruckpumpe

Das Common Rail System bietet eine hohe Flexibilität zur Anpassung der Einspritzung an den Motor. Das wird erreicht durch:
► Hohen Einspritzdruck bis ca. 2200 bar.
► An den Betriebszustand angepassten Einspritzdruck (200...2200 bar).
► Variablen Einspritzbeginn.
► Möglichkeit mehrerer Vor- und Nacheinspritzungen (selbst sehr späte Nacheinspritzungen sind möglich).

Damit leistet das Common Rail System einen Beitrag zur Erhöhung der spezifischen Leistung, zur Senkung des Kraftstoffverbrauchs sowie zur Verringerung der Geräuschemission und des Schadstoffausstoßes von Dieselmotoren.
Common Rail ist heute für moderne schnell laufende Pkw-DI-Motoren das am häufigsten eingesetzte Einspritzsystem.

Aufbau

Das Common Rail System besteht aus folgenden Hauptgruppen (Bilder 1 und 2):
► Niederdruckteil mit den Komponenten der Kraftstoffversorgung,
► Hochdruckteil mit den Komponenten Hochdruckpumpe, Rail, Injektoren und Hochdruck-Kraftstoffleitungen,
► Elektronische Dieselregelung (EDC) mit den Systemblöcken Sensoren, Steuergerät und Stellglieder (Aktoren).

Kernbestandteile des Common Rail Systems sind die Injektoren. Sie enthalten ein schnell schaltendes Ventil (Magnetventil oder Piezosteller), über das die Einspritzdüse geöffnet und geschlossen wird. So kann der Einspritzvorgang für jeden Zylinder einzeln gesteuert werden.

---

2 | Systembereiche einer Motorsteuerung mit Common Rail Einspritzsystem

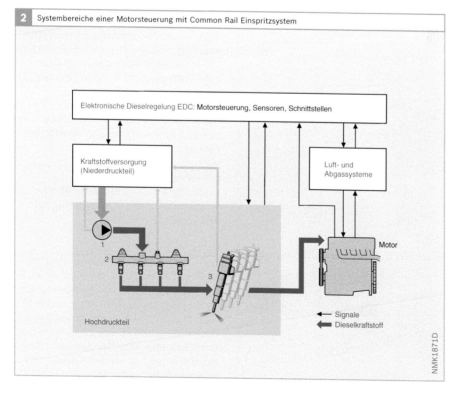

Elektronische Dieselregelung EDC: Motorsteuerung, Sensoren, Schnittstellen

Kraftstoffversorgung (Niederdruckteil)

Luft- und Abgassysteme

Motor

Hochdruckteil

← Signale
← Dieselkraftstoff

NMK1871D

Bild 2
1 Hochdruckpumpe
2 Rail
3 Injektoren

Die Injektoren sind gemeinsam am Rail angeschlossen. Daher leitet sich der Name „Common Rail" (englisch für „gemeinsame Schiene/Rohr") ab.

Kennzeichnend für das Common Rail System ist, dass der Systemdruck abhängig vom Betriebspunkt des Motors eingestellt werden kann. Die Einstellung des Drucks erfolgt über das Druckregelventil oder über die Zumesseinheit (Bild 3).

Der modulare Aufbau des Common Rail Systems erleichtert die Anpassung an die verschiedenen Motoren.

Arbeitsweise

Beim Speichereinspritzsystem Common Rail sind Druckerzeugung und Einspritzung entkoppelt. Der Einspritzdruck wird unabhängig von der Motordrehzahl und der Einspritzmenge erzeugt. Die Elektronische Dieselregelung (EDC) steuert die einzelnen Komponenten an.

Druckerzeugung
Die Entkopplung von Druckerzeugung und Einspritzung geschieht mithilfe eines Speichervolumens. Der unter Druck stehende Kraftstoff steht im Speichervolumen des „Common Rail" für die Einspritzung bereit.

Eine vom Motor angetriebene, kontinuierlich arbeitende Hochdruckpumpe baut den gewünschten Einspritzdruck auf. Sie erhält den Druck im Rail weitgehend unabhängig von der Motordrehzahl und der Einspritzmenge aufrecht. Wegen der nahezu gleichförmigen Förderung kann die Hochdruckpumpe deutlich kleiner und mit geringerem Spitzenantriebsmoment ausgelegt sein als bei konventionellen Einspritzsystemen. Das hat auch eine deutliche Entlastung des Pumpenantriebes zur Folge.

Die Hochdruckpumpe ist als Radialkolbenpumpe, bei Nkw teilweise auch als Reihenpumpe ausgeführt.

Druckregelung
Je nach System kommen unterschiedliche Verfahren der Druckregelung zur Anwendung.

Hochdruckseitige Regelung
Bei Pkw-Systemen wird der gewünschte Raildruck über ein Druckregelventil hochdruckseitig geregelt (Bild 3a, Pos. 4). Nicht für die Einspritzung benötigter Kraftstoff fließt über das Druckregelventil in den Niederdruckkreis zurück. Diese Regelung ermöglicht eine schnelle Anpassung des Raildrucks bei Änderung des Betriebspunkts (z. B. bei Lastwechsel).

Bild 3

a Hochdruckseitige Druckregelung mit Druckregelventil für Pkw-Anwendung
b Saugseitige Druckregelung mit an der Hochdruckpumpe angeflanschter Zumesseinheit (für Pkw und Nkw)
c Saugseitige Druckregelung mit Zumesseinheit und zusätzliche Regelung mit Druckregelventil (für Pkw)

1 Hochdruckpumpe
2 Kraftstoffzulauf
3 Kraftstoffrücklauf
4 Druckregelventil
5 Rail
6 Raildrucksensor
7 Anschluss Injektor
8 Anschluss Kraftstoffrücklauf
9 Druckbegrenzungsventil
10 Zumesseinheit
11 Druckregelventil

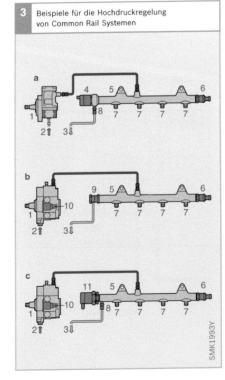

3 Beispiele für die Hochdruckregelung von Common Rail Systemen

SMK1993Y

Die hochdruckseitige Regelung wurde bei den ersten Common Rail Systemen angewandt. Das Druckregelventil ist vorzugsweise am Rail, bei einzelnen Anwendungen direkt an der Hochdruckpumpe angebaut.

Saugseitige Mengenregelung

Eine weitere Möglichkeit, den Raildruck zu regeln, besteht in der saugseitigen Mengenregelung (Bild 3b). Die an der Hochdruckpumpe angeflanschte Zumesseinheit (10) sorgt dafür, dass die Pumpe exakt die Kraftstoffmenge in das Rail fördert, mit welcher der vom System geforderte Einspritzdruck aufrechterhalten wird. Ein Druckbegrenzungsventil (9) verhindert im Fehlerfall einen unzulässig hohen Anstieg des Raildrucks.

Mit der saugseitigen Mengenregelung ist die auf Hochdruck verdichtete Kraftstoffmenge und somit auch die Leistungsaufnahme der Pumpe geringer. Das wirkt sich positiv auf den Kraftstoffverbrauch aus. Außerdem wird die Temperatur des in den Kraftstoffbehälter rücklaufenden Kraftstoffs gegenüber der hochdruckseitigen Regelung reduziert.

Zweistellersystem

Das Zweistellersystem (Bild 3c) mit der saugseitigen Druckregelung über die Zumesseinheit und der hochdruckseitigen Regelung über das Druckregelventil kombiniert die Vorteile von hochdruckseitiger Regelung und saugseitiger Mengenregelung (s. Abschnitt „Common Rail System für Pkw").

Einspritzung

Die Injektoren spritzen den Kraftstoff direkt in den Brennraum des Motors ein. Sie werden über kurze Hochdruck-Kraftstoffleitungen aus dem Rail versorgt. Das Motorsteuergerät steuert das im Injektor integrierte Schaltventil an, das die Einspritzdüse öffnet und wieder schließt. Öffnungsdauer des Injektors und Systemdruck bestimmen die eingebrachte Kraftstoffmenge. Sie ist bei konstantem Druck

proportional zur Einschaltzeit des Schaltventils und damit unabhängig von der Motor- bzw. Pumpendrehzahl (zeitgesteuerte Einspritzung).

Hydraulisches Leistungspotenzial

Die Trennung der Funktionen Druckerzeugung und Einspritzung eröffnet gegenüber konventionellen Einspritzsystemen einen weiteren Freiheitsgrad bei der Verbrennungsentwicklung: der Einspritzdruck kann im Kennfeld weitgehend frei gewählt werden. Der maximale Einspritzdruck beträgt derzeit 1800 bar.

Das Common Rail System ermöglicht mit Voreinspritzungen bzw. Mehrfacheinspritzungen eine weitere Absenkung von Abgasemissionen und reduziert deutlich das Verbrennungsgeräusch. Mit mehrmaligem Ansteuern des äußerst schnellen Schaltventils lassen sich Mehrfacheinspritzungen mit bis zu fünf Einspritzungen pro Einspritzzyklus erzeugen. Die Düsennadel schließt mit hydraulischer Unterstützung und sichert so ein rasches Spritzende.

Steuerung und Regelung

Arbeitsweise

Das Motorsteuergerät erfasst mithilfe der Sensoren die Fahrpedalstellung und den aktuellen Betriebszustand von Motor und Fahrzeug (siehe auch Kapitel „Elektronische Dieselregelung"). Dazu gehören unter anderem:

▶ Kurbelwellendrehzahl und -winkel,
▶ Raildruck,
▶ Ladedruck,
▶ Ansaugluft-, Kühlmittel- und Kraftstofftemperatur,
▶ angesaugte Luftmasse,
▶ Fahrgeschwindigkeit usw.

Das Steuergerät wertet die Eingangssignale aus und berechnet verbrennungssynchron die Ansteuersignale für das Druckregelventil oder die Zumesseinheit, die Injektoren und die übrigen Stellglieder (z. B. Abgasrückführventil, Steller des Turboladers).

Die erforderlichen kurzen Schaltzeiten für die Injektoren lassen sich mit den optimierten Hochdruckschaltventilen und einer speziellen Ansteuerung erreichen.
Das Winkel-Zeit-System gleicht den Einspritzzeitpunkt mit den Daten des Kurbel- und Nockenwellensensors an den Motorzustand an (Zeitsteuerung). Die Elektronische Dieselregelung (EDC) erlaubt es, die Einspritzmenge exakt zu dosieren. Außerdem bietet die EDC das Potenzial für weitere Zusatzfunktionen, die das Fahrverhalten verbessern und den Komfort erhöhen.

Grundfunktionen

Die Grundfunktionen steuern die Einspritzung von Dieselkraftstoff zum richtigen Zeitpunkt, in der richtigen Menge und mit dem vorgegebenen Druck. Sie sichern damit einen verbrauchsgünstigen und ruhigen Lauf des Dieselmotors.

Korrekturfunktionen für die Einspritzberechnung

Um Toleranzen von Einspritzsystem und Motor auszugleichen, stehen eine Reihe von Korrekturfunktionen zur Verfügung (s. Kapitel „Elektronische Dieselregelung"):

▶ Injektormengenabgleich,
▶ Nullmengenkalibrierung,
▶ Mengenausgleichsregelung,
▶ Mengenmittelwertadaption.

Zusatzfunktionen

Zusätzliche Steuer- und Regelfunktionen dienen einer Reduzierung der Abgasemissionen und des Kraftstoffverbrauchs oder erhöhen die Sicherheit und den Komfort. Beispiele dafür sind:

▶ Regelung der Abgasrückführung,
▶ Ladedruckregelung,
▶ Fahrgeschwindigkeitsregelung,
▶ elektronische Wegfahrsperre usw.

Die Integration der EDC in ein Fahrzeug-Gesamtsystem eröffnet ebenfalls eine Reihe neuer Möglichkeiten, z. B. Datenaustausch mit der Getriebesteuerung oder der Klimaregelung.

Eine Diagnoseschnittstelle erlaubt die Auswertung der gespeicherten Systemdaten bei der Fahrzeuginspektion.

Steuergerätekonfiguration

Da das Motorsteuergerät in der Regel nur bis zu acht Endstufen für die Injektoren besitzt, werden für Motoren mit mehr als acht Zylindern zwei Motorsteuergeräte eingesetzt. Sie sind über eine sehr schnelle interne CAN-Schnittstelle im „Master Slave"-Verbund gekoppelt. Dadurch steht auch mehr Mikrocontrollerkapazität zur Verfügung. Einige Funktionen sind jeweils fest einem Steuergerät zugeordnet (z. B. Mengenausgleichsregelung). Andere können bei der Konfiguration flexibel einem Steuergerät zugeordnet werden (z. B. die Erfassung von Sensoren).

Einsatz des Dieselmotors

Zu Beginn der Automobilgeschichte war der Ottomotor das Antriebsaggregat für Straßenfahrzeuge. Im Jahr 1927 wurden schließlich die ersten Nkw, 1936 dann auch Pkw mit Dieselmotoren ausgeliefert.

Im Nkw-Bereich konnte sich der Dieselmotor aufgrund seiner Wirtschaftlichkeit und Langlebigkeit durchsetzen. Im Pkw-Bereich hingegen führte der Dieselmotor lange Zeit noch ein Schattendasein. Erst mit den direkt einspritzenden modernen Dieselmotoren mit Aufladung – das Prinzip der Direkteinspritzung wurde schon bei den ersten Nkw-Dieselmotoren angewandt – hat sich das Erscheinungsbild des Diesels gewandelt. Mittlerweile liegt der Diesel-Anteil an neu zugelassenen Pkw in Europa bei annähernd 50 %.

Merkmale des Dieselmotors

Was zeichnet den Dieselmotor der Gegenwart aus, dass er in Europa einen derartigen Boom erlebt?

Wirtschaftlichkeit

Zum einen ist der Kraftstoffverbrauch gegenüber vergleichbaren Ottomotoren immer noch geringer – das ergibt sich aus dem höheren Wirkungsgrad des Dieselmotors. Zum anderen werden Dieselkraftstoffe in vielen europäischen Ländern geringer besteuert. Für Vielfahrer ist der Diesel somit trotz des höheren Anschaffungspreises die wirtschaftlichere Alternative.

Fahrspaß

Nahezu alle aktuellen Dieselmodelle arbeiten mit Aufladung. Dadurch kann schon im niedrigen Drehzahlbereich eine hohe Zylinderfüllung erreicht werden. Entsprechend hoch kann auch die zugemessene Kraftstoffmenge sein, wodurch der Motor ein hohes Drehmoment erzeugt. Daraus ergibt sich ein Drehmomentverlauf, der das Fahren mit hohem Drehmoment schon bei niedrigen Drehzahlen ermöglicht.

Das Drehmoment – und nicht etwa die Motorleistung – ist entscheidend für die Durchzugskraft des Motors. Im Vergleich zu einem Ottomotor ohne Aufladung kann auch mit einem leistungsschwächeren Dieselmotor mehr „Fahrspaß" erreicht werden. Das Image des „lahmen Stinkers" trifft auf Dieselfahrzeuge der neuen Generationen nicht mehr zu.

Umweltverträglichkeit

Die Rauchschwaden, die Dieselfahrzeuge früher im höheren Lastbetrieb produzierten, gehören der Vergangenheit an. Möglich wurde das durch verbesserte Einspritzsysteme und die Elektronische Dieselregelung (EDC). Die Kraftstoffmenge kann mit diesen Systemen exakt dosiert und an den Motorbetriebspunkt und die Umgebungsbedingungen angepasst werden. Mit dieser Technik werden die aktuell gültigen Abgasnormen erfüllt.

Oxidationskatalysatoren, die Kohlenmonoxid (CO) und Kohlenwasserstoffe (HC) aus dem Abgas entfernen, sind beim Dieselmotor Standard. Mit weiteren Systemen zur Abgasnachbehandlung, wie z.B. Partikelfilter und NO_X-Speicherkatalysatoren, werden auch zukünftige verschärfte Abgasnormen erfüllt – auch die Normen der US-Gesetzgebung.

▶ Typischer Drehmoment- und Leistungsverlauf eines Pkw-Dieselmotors

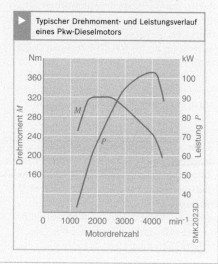

Common Rail System für Pkw

Kraftstoffversorgung

Bei Common Rail Systemen für Pkw kommen für die Förderung des Kraftstoffs zur Hochdruckpumpe Elektrokraftstoffpumpen oder Zahnradpumpen zur Anwendung.

Systeme mit Elektrokraftstoffpumpe

Die Elektrokraftstoffpumpe – als Bestandteil der Tankeinbaueinheit im Kraftstoffbehälter eingesetzt (Intank) oder in der Kraftstoffzuleitung verbaut (Inline) – saugt den Kraftstoff über ein Vorfilter an und fördert ihn mit einem Druck von 6 bar zur Hochdruckpumpe (Bild 3). Die maximale Förderleistung beträgt 190 l/h. Um einen schnellen Motorstart zu gewährleisten, schaltet die Pumpe schon bei Drehen des Zündschlüssels ein. Damit ist sichergestellt, dass bei Motorstart der nötige Druck im Niederdruckkreis vorhanden ist.

In der Zuleitung zur Hochdruckpumpe ist der Kraftstofffilter (Feinfilter) eingebaut.

Systeme mit Zahnradpumpe

Die Zahnradpumpe ist an die Hochdruckpumpe angeflanscht und wird von deren Antriebswelle mit angetrieben (Bilder 1 und 2). Somit fördert die Zahnradpumpe erst bei Starten des Motors. Die Förderleistung ist abhängig von der Motordrehzahl und beträgt bis zu 400 l/h bei einem Druck bis zu 7 bar.

Im Kraftstoffbehälter ist ein Kraftstoff-Vorfilter eingebaut. Der Feinfilter befindet sich in der Zuleitung zur Zahnradpumpe.

Kombinationssysteme

Es gibt auch Anwendungen, die beide Pumpenarten einsetzen. Die Elektrokraftstoffpumpe sorgt insbesondere bei einem Heißstart für ein verbessertes Startverhalten, da die Förderleistung der Zahnradpumpe bei heißem und damit dünnflüssigerem Kraftstoff und niedriger Pumpendrehzahl verringert ist.

Hochdruckregelung

Beim Common Rail System der ersten Generation erfolgt die Regelung des Raildrucks über das Druckregelventil. Die Hochdruckpumpe (Ausführung CP1) fördert unabhängig vom Kraftstoffbedarf die maximale Fördermenge, das Druckregelventil führt überschüssig geförderten Kraftstoff in den Kraftstoffbehälter zurück.

Das Common Rail System der zweiten Generation regelt den Raildruck niederdruckseitig über die Zumesseinheit (Bilder 1 und 2). Die Hochdruckpumpe (Ausführung CP3 und CP1H) muss nur die Kraftstoffmenge fördern, die der Motor tatsächlich benötigt. Der Energiebedarf der Hochdruckpumpe und damit der Kraftstoffverbrauch sind dadurch geringer.

Das Common Rail System der dritten Generation ist durch die Piezo-Inline-Injektoren gekennzeichnet (Bild 3).

Wenn der Druck nur auf der Niederdruckseite eingestellt werden kann, dauert bei schnellen negativen Lastwechseln der Druckabbau im Rail zu lange. Die Dynamik für die Druckanpassung an die veränderten Lastbedingungen ist zu träge. Dies ist insbesondere bei Piezo-Inline-Injektoren aufgrund der nur geringen inneren Leckagen der Fall. Einige Common Rail Systeme enthalten deshalb neben der Hochdruckpumpe mit Zumesseinheit zusätzlich ein Druckregelventil (Bild 3). Mit diesem Zweistellersystem werden die Vorteile der niederdruckseitigen Regelung mit dem günstigen dynamischen Verhalten der hochdruckseitigen Regelung kombiniert.

Ein weiterer Vorteil gegenüber der ausschließlich niederdruckseitigen Regelmöglichkeit ergibt sich dadurch, dass bei kaltem Motor eine hochdruckseitige Regelung vorgenommen werden kann. Die Hochdruckpumpe fördert somit mehr Kraftstoff als eingespritzt wird, die Druckregelung erfolgt über das Druckregelventil. Der Kraftstoff wird durch die Komprimierung erwärmt, wodurch auf eine zusätzliche Kraftstoffheizung verzichtet werden kann.

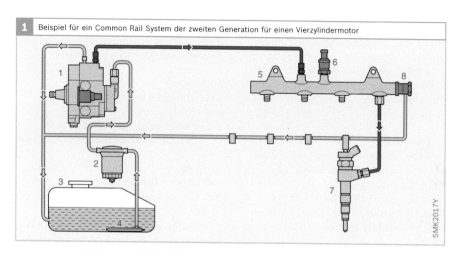

1 Beispiel für ein Common Rail System der zweiten Generation für einen Vierzylindermotor

SMK2017Y

Bild 1
1 Hochdruckpumpe CP3 mit angebauter Zahnrad-Vorförderpumpe und Zumesseinheit
2 Kraftstofffilter mit Wasserabscheider und Heizung (optional)
3 Kraftstoffbehälter
4 Vorfilter
5 Rail
6 Raildrucksensor
7 Magnetventil-Injektor
8 Druckbegrenzungsventil

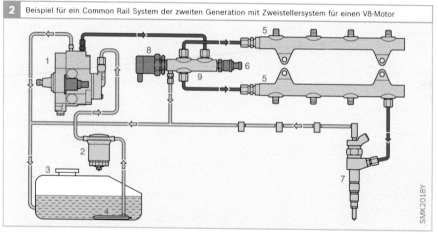

2 Beispiel für ein Common Rail System der zweiten Generation mit Zweistellersystem für einen V8-Motor

SMK2018Y

Bild 2
1 Hochdruckpumpe CP3 mit angebauter Zahnrad-Vorförderpumpe und Zumesseinheit
2 Kraftstofffilter mit Wasserabscheider und Heizung (optional)
3 Kraftstoffbehälter
4 Vorfilter
5 Rail
6 Raildrucksensor
7 Magnetventil-Injektor
8 Druckregelventil
9 Funktionsblock (Verteiler)

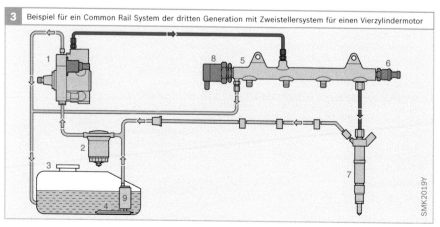

3 Beispiel für ein Common Rail System der dritten Generation mit Zweistellersystem für einen Vierzylindermotor

SMK2019Y

Bild 3
1 Hochdruckpumpe CP1H mit Zumesseinheit
2 Kraftstofffilter mit Wasserabscheider und Heizung (optional)
3 Kraftstoffbehälter
4 Vorfilter
5 Rail
6 Raildrucksensor
7 Piezo-Inline-Injektor
8 Druckregelventil
9 Elektrokraftstoffpumpe

Systembild Pkw

Bild 4 zeigt alle Komponenten eines Common Rail Systems für einen Vierzylinder-Pkw-Dieselmotor mit Vollausstattung. Je nach Fahrzeugtyp und Einsatzart kommen einzelne Komponenten nicht zur Anwendung.

Um eine übersichtlichere Darstellung zu erhalten, sind die Sensoren und Sollwertgeber (A) nicht an ihrem Einbauort dargestellt. Ausnahme bilden die Sensoren der Abgasnachbehandlung (F) und der Raildrucksensor, da ihre Einbauposition zum Verständnis der Anlage notwendig ist.

Über den CAN-Bus im Bereich „Schnittstellen" (B) ist der Datenaustausch zu den verschiedensten Bereichen möglich:
▸ Starter,
▸ Generator,
▸ elektronische Wegfahrsperre,
▸ Getriebesteuerung,
▸ Antriebsschlupfregelung (ASR) und
▸ Elektronisches Stabilitätsprogramm (ESP).

Auch das Kombiinstrument (13) und die Klimaanlage (14) können über den CAN-Bus angeschlossen sein.

Für die Abgasnachbehandlung werden zwei mögliche Kombinationssysteme aufgeführt. Ein DPF-System (a) und ein Kombinatiossystem (b) mit NOx-Speicherkatalysator und Diesel-Partikelfilter (DPF).

Bild 4
Motor, Motorsteuerung und Hochdruck-
Einspritzkomponenten
17 Hochdruckpumpe
18 Zumesseinheit
25 Motorsteuergerät
26 Rail
27 Raildrucksensor
28 Druckregelventil (DRV-2)
29 Injektor
30 Glühstiftkerze
31 Dieselmotor (DI)
M Drehmoment

A Sensoren und Sollwertgeber
1 Fahrpedalsensor
2 Kupplungsschalter
3 Bremskontakte (2)
4 Bedienteil für Fahrgeschwindigkeitsregler
5 Glüh-Start-Schalter („Zündschloss")
6 Fahrgeschwindigkeitssensor
7 Kurbelwellendrehzahlsensor (induktiv)
8 Nockenwellendrehzahlsensor (Induktiv- oder Hall-Sensor)
9 Motortemperatursensor (im Kühlmittelkreislauf)
10 Ansauglufttemperatursensor
11 Ladedrucksensor
12 Heißfilm-Luftmassenmesser (Ansaugluft)

B Schnittstellen
13 Kombiinstrument mit Signalausgabe für Kraftstoffverbrauch, Drehzahl usw.
14 Klimakompressor mit Bedienteil

15 Diagnoseschnittstelle
16 Glühzeitsteuergerät
CAN Controller Area Network
   (serieller Datenbus im Kraftfahrzeug)

C Kraftstoffversorgung (Niederdruckteil)
19 Kraftstofffilter mit Überströmventil
20 Kraftstoffbehälter mit Vorfilter und Elektrokraftstoffpumpe, EKP (Vorförderpumpe)
21 Füllstandsensor

D Additivsystem
22 Additivdosiereinheit
23 Additiv-Control-Steuergerät
24 Additivtank

E Luftversorgung
32 Abgasrückführkühler
33 Ladedrucksteller
34 Abgasturbolader (hier mit variabler Turbinengeometrie, VTG)
35 Regelklappe
36 Abgasrückführsteller
37 Unterdruckpumpe

F Abgasnachbehandlung
38 Breitband-Lambda-Sonde LSU
39 Abgastemperatursensor
40 Oxidationskatalysator
41 Diesel-Partikelfilter (DPF)
42 Differenzdrucksensor
43 NOx-Speicherkatalysator
44 Breitband-Lambda-Sonde, optional NOx-Sensor

4 Diesel-Einspritzanlage für Pkw mit Common Rail Einspritzsystem

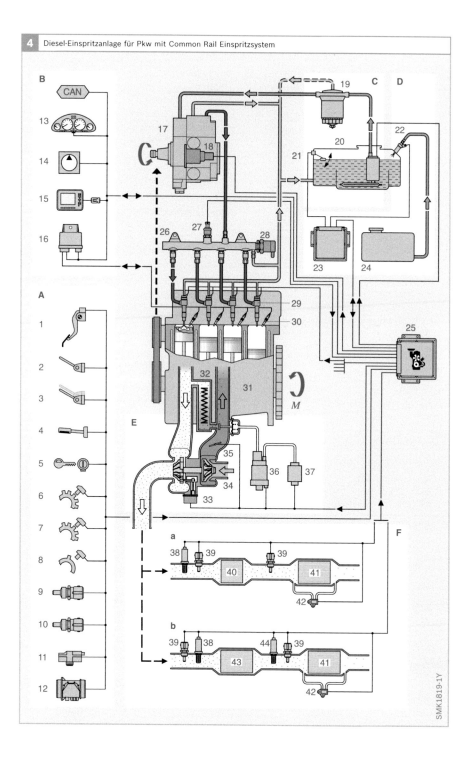

SMK1819-1Y

▶ Diesel-Einspritzsysteme im Überblick

Einsatzgebiete

Dieselmotoren zeichnen sich durch ihre hohe Wirtschaftlichkeit aus. Seit dem Produktionsbeginn der ersten Serien-Einspritzpumpe von Bosch im Jahre 1927 werden die Einspritzsysteme ständig weiterentwickelt.

Dieselmotoren werden in vielfältigen Ausführungen eingesetzt (Bild 1), z. B. als
▶ Antrieb für mobile Stromerzeuger (bis ca. 10 kW/Zylinder),
▶ schnell laufende Motoren für Pkw und leichte Nkw (bis ca. 50 kW/Zylinder),
▶ Motoren für Bau-, Land- und Forstwirtschaft (bis ca. 50 kW/Zylinder),
▶ Motoren für schwere Nkw, Busse und Schlepper (bis ca. 80 kW/Zylinder),
▶ Stationärmotoren, z. B. für Notstromaggregate (bis ca. 160 kW/Zylinder),
▶ Motoren für Lokomotiven und Schiffe (bis zu 1000 kW/Zylinder).

Anforderungen

Schärfer werdende Vorschriften für Abgas- und Geräuschemissionen und der Wunsch nach niedrigerem Kraftstoffverbrauch stellen immer neue Anforderungen an die Einspritzanlage eines Dieselmotors.

Grundsätzlich muss die Einspritzanlage den Kraftstoff für eine gute Gemischaufbereitung je nach Diesel-Verbrennungsverfahren (Direkt- oder Indirekteinspritzung) und Betriebszustand mit hohem Druck (heute zwischen 350 und 2050 bar) in den Brennraum des Dieselmotors einspritzen und dabei die Einspritzmenge mit der größtmöglichen Genauigkeit dosieren. Die Last- und Drehzahlregelung des Dieselmotors wird über die Kraftstoffmenge ohne Drosselung der Ansaugluft vorgenommen.

Die mechanische Regelung für Diesel-Einspritzsysteme wird zunehmend durch die Elektronische Dieselregelung (EDC) verdrängt. Im Pkw und Nkw werden die neuen Dieseleinspritzsysteme ausschließlich durch EDC geregelt.

▶ Anwendungsgebiete der Bosch-Diesel-Einspritzsysteme

Bild 1

M, MW,
A, P, H,
ZWM,
CW Reiheneinspritzpumpen mit ansteigender Baugröße
PF Einzeleinspritzpumpen
VE Axialkolben-Verteilereinspritzpumpen
VR Radialkolben-Verteilereinspritzpumpen
UIS Unit Injector System
UPS Unit Pump System
CR Common Rail System

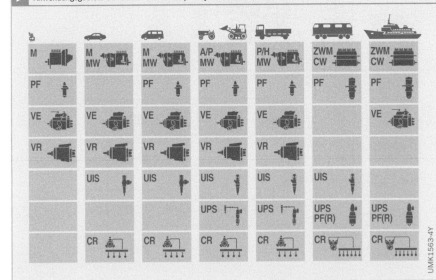

UMK1563-4Y

Common Rail System für Nkw

Kraftstoffversorgung

Vorförderung

Common Rail Systeme für leichte Nutzfahrzeuge unterscheiden sich nur wenig von den Pkw-Systemen. Zur Vorförderung des Kraftstoffs werden Elektrokraftstoff- oder Zahnradpumpen eingesetzt. Bei Common Rail Systemen für schwere Nkw kommen für die Förderung des Kraftstoffs zur Hochdruckpumpe ausschließlich Zahnradpumpen (s. Kapitel „Kraftstoffversorgung Niederdruckteil", Abschnitt

„Zahnradkraftstoffpumpe") zur Anwendung. Die Vorförderpumpe ist in der Regel an der Hochdruckpumpe angeflanscht (Bilder 1 und 2), bei verschiedenen Anwendungen ist sie am Motor befestigt.

Kraftstofffilterung

Im Gegensatz zu Pkw-Systemen ist hier der Kraftstofffilter (Feinfilter) druckseitig eingebaut. Die Hochdruckpumpe benötigt daher auch bei angeflanschter Zahnradpumpe einen außen liegenden Kraftstoffzulauf.

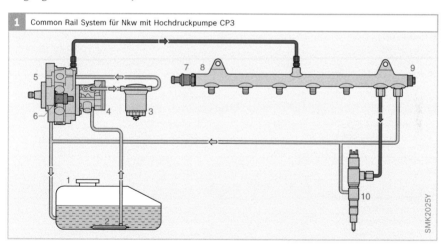

1 Common Rail System für Nkw mit Hochdruckpumpe CP3

Bild 1
1 Kraftstoffbehälter
2 Vorfilter
3 Kraftstofffilter
4 Zahnrad-
  Vorförderpumpe
5 Hochdruckpumpe
  CP3.4
6 Zumesseinheit
7 Raildrucksensor
8 Rail
9 Druckbegrenzungs-
  ventil
10 Injektor

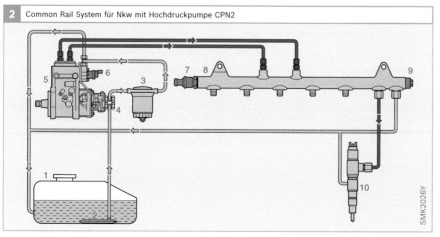

2 Common Rail System für Nkw mit Hochdruckpumpe CPN2

Bild 2
1 Kraftstoffbehälter
2 Vorfilter
3 Kraftstofffilter
4 Zahnrad-
  Vorförderpumpe
5 Hochdruckpumpe
  CPN2.2
6 Zumesseinheit
7 Raildrucksensor
8 Rail
9 Druckbegrenzungs-
  ventil
10 Injektor

Systembild Nkw

Bild 3 zeigt alle Komponenten eines Common Rail Systems für einen Sechszylinder-Nkw-Dieselmotor. Je nach Fahrzeugtyp und Einsatzart kommen einzelne Komponenten nicht zur Anwendung.

Um eine übersichtlichere Darstellung zu erhalten, sind nur die Sensoren und Sollwertgeber an ihrem Einbauort dargestellt, deren Einbauposition zum Verständnis der Anlage notwendig ist.

Über den CAN-Bus im Bereich „Schnittstellen" (B) ist der Datenaustausch zu den verschiedensten Bereichen möglich (z. B.

Getriebesteuerung, Antriebsschlupfregelung ASR, Elektronisches Stabilitätsprogramm ESP, Ölgütesensor, Fahrtschreiber, Abstandsradar ACC, Bremskoordinator – bis zu 30 Steuergeräte). Auch der Generator (18) und die Klimaanlage (17) können über den CAN-Bus angeschlossen sein.

Für die Abgasnachbehandlung werden drei mögliche Systeme aufgeführt: ein reines DPF-System (a) vorwiegend für den US-Markt, ein reines SCR-System (b) vorwiegend für den EU-Markt sowie ein Kombinationssystem (c).

Bild 3

Motor, Motorsteuerung und Hochdruck-Einspritzkomponenten

22 Hochdruckpumpe
29 Motorsteuergerät
30 Rail
31 Raildrucksensor
32 Injektor
33 Relais
34 Zusatzaggregate (z. B. Retarder, Auspuffklappe für Motorbremse, Starter, Lüfter)
35 Dieselmotor (DI)
36 Flammkerze (alternativ Grid-Heater)
M Drehmoment

A Sensoren und Sollwertgeber

1 Fahrpedalsensor
2 Kupplungsschalter
3 Bremskontakte (2)
4 Motorbremskontakt
5 Feststellbremskontakt
6 Bedienschalter (z. B. Fahrgeschwindigkeitsregler, Zwischendrehzahlregelung, Drehzahl- und Drehmomentreduktion)
7 Schlüssel-Start-Stopp („Zündschloss")
8 Turboladerdrehzahlsensor
9 Kurbelwellendrehzahlsensor (induktiv)
10 Nockenwellendrehzahlsensor
11 Kraftstofftemperatursensor
12 Motortemperatursensor (im Kühlmittelkreislauf)
13 Ladelufttemperatursensor
14 Ladedrucksensor
15 Lüfterdrehzahlsensor
16 Luftfilter-Differenzdrucksensor

B Schnittstellen

17 Klimakompressor mit Bedienteil
18 Generator
19 Diagnoseschnittstelle

20 SCR-Steuergerät
21 Luftkompressor
CAN Controller Area Network (serieller Datenbus im Kraftfahrzeug) (bis zu 3 Busse)

C Kraftstoffversorgung (Niederdruckteil)

23 Kraftstoffvorförderpumpe
24 Kraftstofffilter mit Wasserstands- und Drucksensoren
25 Steuergerätekühler
26 Kraftstoffbehälter mit Vorfilter
27 Druckbegrenzungsventil
28 Füllstandsensor

D Luftversorgung

37 Abgasrückführkühler
38 Regelklappe
39 Abgasrückführsteller mit Abgasrückführventil und Positionssensor
40 Ladeluftkühler mit Bypass für Kaltstart
41 Abgasturbolader (hier mit variabler Turbinengeometrie VTG) mit Positionssensor
42 Ladedrucksteller

E Abgasnachbehandlung

43 Abgastemperatursensor
44 Oxidationskatalysator
45 Differenzdrucksensor
46 katalytisch beschichteter Partikelfilter (CSF)
47 Rußsensor
48 Füllstandsensor
49 Reduktionsmitteltank
50 Reduktionsmittelförderpumpe
51 Reduktionsmitteldüse
52 NO$_X$-Sensor
53 SCR-Katalysator
54 NH$_3$-Sensor

3 | Diesel-Einspritzanlage für Nkw mit Common Rail System

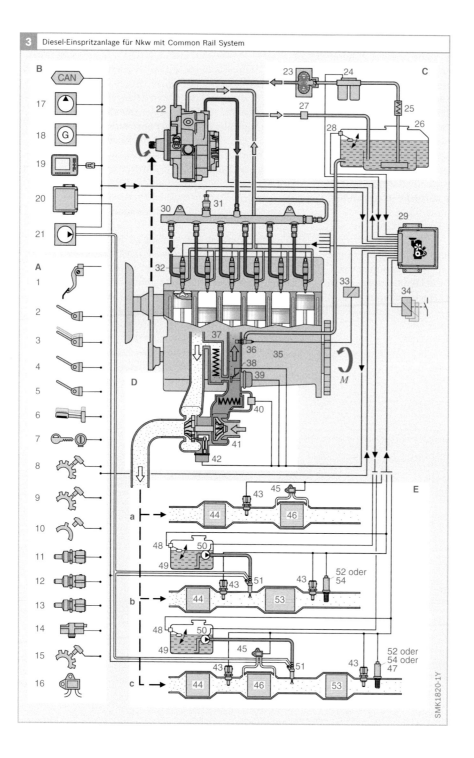

SMK1820-1Y

Hochdruckkomponenten des Common Rail Systems

Der Hochdruckbereich des Common Rail Systems gliedert sich in die drei Bereiche Druckerzeugung, Druckspeicherung und Kraftstoffzumessung. Die Hochdruckpumpe übernimmt die Druckerzeugung. Die Druckspeicherung erfolgt im Rail, an dem der Raildrucksensor und das Druckregel- bzw. Druckbegrenzungsventil angebaut sind. Für die zeit- und mengengerechte Einspritzung sorgen die Injektoren. Hochdruck-Kraftstoffleitungen verbinden alle Bereiche miteinander.

Übersicht

Wesentliche Unterscheidungsmerkmale der verschiedenen Generationen von Common Rail Systemen bestehen in der Ausführung der Hochdruckpumpe und der Injektoren sowie in den erforderlichen Systemfunktionen.

Injektor

Beim Common Rail Dieseleinspritzsystem sind die Injektoren über kurze Hochdruck-Kraftstoffleitungen mit dem Rail verbunden. Die Abdichtung der Injektoren zum Brennraum erfolgt über eine Kupferdichtscheibe. Die Injektoren werden über Spannelemente im Zylinderkopf angebracht. Die Common Rail Injektoren sind je nach Ausführung der Einspritzdüsen für den Gerade-/Schrägeinbau in Direkteinspritzung-Dieselmotoren geeignet.

Die Charakteristik des Systems ist die Erzeugung von Einspritzdruck unabhängig von der Motordrehzahl und der Einspritzmenge. Spritzbeginn und Einspritzmenge werden mit dem elektrisch ansteuerbaren Injektor gesteuert. Der Einspritzzeitpunkt wird über das Winkel-Zeit-System der Elektronischen Dieselregelung (EDC) gesteuert. Hierzu sind an der Kurbelwelle und zur Zylindererkennung (Phasenerkennung) an der Nockenwelle zwei Drehzahlsensoren notwendig.

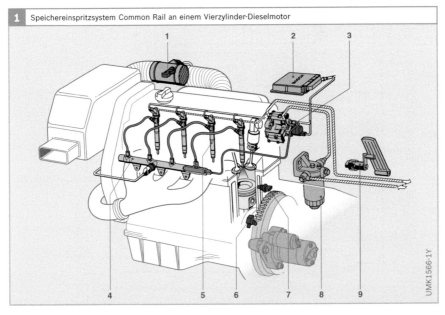

1 Speichereinspritzsystem Common Rail an einem Vierzylinder-Dieselmotor

UMK1566-1Y

Bild 1
1 Heißfilm-Luftmassenmesser
2 Motorsteuergerät
3 Hochdruckpumpe
4 Hochdruckspeicher (Rail)
5 Injektor
6 Kurbelwellendrehzahlsensor
7 Motortemperatursensor
8 Kraftstofffilter
9 Fahrpedalsensor

Die Absenkung der Abgasemissionen sowie die stetige Geräuschreduzierung von Dieselmotoren erfordert eine optimale Gemischaufbereitung, weshalb von Injektoren sehr kleine Voreinspritzmengen sowie Mehrfacheinspritzungen gefordert werden.

Es sind drei verschiedene Injektortypen im Einsatz:
▶ Magnetventil-Injektor mit einteiligem Anker,
▶ Magnetventil-Injektor mit zweiteiligem Anker,
▶ Injektor mit Piezosteller.

Magnetventil-Injektor

Aufbau

Der Injektor kann in verschiedene Funktionsblöcke aufgeteilt werden:
▶ die Lochdüse (s. Kapitel „Einspritzdüsen"),

▶ das hydraulische Servosystem und
▶ das Magnetventil.

Der Kraftstoff wird vom Hochdruckanschluss (Bild 1a, Pos. 13) über einen Zulaufkanal zur Einspritzdüse sowie über die Zulaufdrossel (14) in den Ventilsteuerraum (6) geführt. Der Ventilsteuerraum ist über die Ablaufdrossel (12), die durch ein Magnetventil geöffnet werden kann, mit dem Kraftstoffrücklauf (1) verbunden.

Arbeitsweise

Die Funktion des Injektors lässt sich in vier Betriebszustände bei laufendem Motor und fördernder Hochdruckpumpe unterteilen:
▶ Injektor geschlossen (mit anliegendem Hochdruck),
▶ Injektor öffnet (Einspritzbeginn),
▶ Injektor voll geöffnet und
▶ Injektor schließt (Einspritzende).

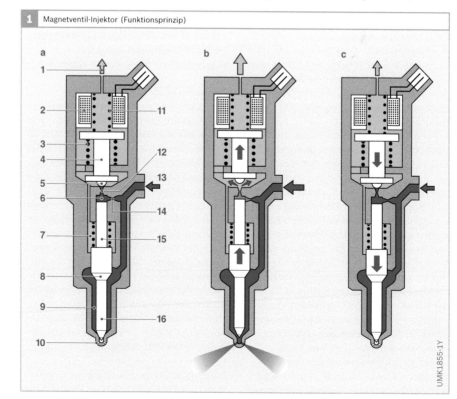

1   Magnetventil-Injektor (Funktionsprinzip)

Bild 1
a   Ruhezustand
b   Injektor öffnet
c   Injektor schließt

1   Kraftstoffrücklauf
2   Magnetspule
3   Überhubfeder
4   Magnetanker
5   Ventilkugel
6   Ventilsteuerraum
7   Düsenfeder
8   Druckschulter der Düsennadel
9   Kammervolumen
10   Spritzloch
11   Magnetventilfeder
12   Ablaufdrossel
13   Hochdruckanschluss
14   Zulaufdrossel
15   Ventilkolben (Steuerkolben)
16   Düsennadel

UMK1855-1Y

Diese Betriebszustände stellen sich durch die Kräfteverteilung an den Bauteilen des Injektors ein. Bei nicht laufendem Motor und fehlendem Druck im Rail schließt die Düsenfeder den Injektor.

Injektor geschlossen (Ruhezustand)
Der Injektor ist im Ruhezustand nicht angesteuert (Bild 1a). Die Magnetventilfeder (11) presst die Ventilkugel (5) in den Sitz der Ablaufdrossel (12). Im Ventilsteuerraum baut sich der Hochdruck des Rail auf. Derselbe Druck steht auch im Kammervolumen (9) der Düse an. Die durch den Raildruck auf die Stirnflächen des Steuerkolbens (15) aufgebrachten Kräfte und die Kraft der Düsenfeder (7) halten die Düsennadel gegen die öffnende Kraft, die an deren Druckschulter (8) angreift, geschlossen.

Injektor öffnet (Einspritzbeginn)
Der Injektor befindet sich in Ruhelage. Das Magnetventil wird mit dem „Anzugsstrom" angesteuert, was einem schnellen Öffnen des Magnetventils dient (Bild 1b). Die erforderlichen kurzen Schaltzeiten lassen sich durch eine entsprechende Auslegung der Ansteuerung der Magnetventile im Steuergerät mit hohen Spannungen und Strömen erreichen.

Die magnetische Kraft des nun angesteuerten Elektromagneten übersteigt die Federkraft der Ventilfeder. Der Anker hebt die Ventilkugel vom Ventilsitz und öffnet nun die Ablaufdrossel. Nach kurzer Zeit wird der erhöhte Anzugsstrom auf einen geringeren Haltestrom des Elektromagneten reduziert. Mit dem Öffnen der Ablaufdrossel kann nun Kraftstoff aus dem Ventilsteuerraum in den darüber liegenden Hohlraum und über den Kraftstoffrücklauf zum Kraftstoffbehälter abfließen. Die Zulaufdrossel (14) verhindert einen vollständigen Druckausgleich, sodass der Druck im Ventilsteuerraum sinkt. Dies führt dazu, dass der Druck im Ventilsteuerraum kleiner ist als der Druck im Kammervolumen der Düse, der noch immer das Druckniveau des Rail hat. Der ver-

ringerte Druck im Ventilsteuerraum bewirkt eine verringerte Kraft auf den Steuerkolben und führt zum Öffnen der Düsennadel. Die Einspritzung beginnt.

Injektor voll geöffnet
Die Öffnungsgeschwindigkeit der Düsennadel wird vom Durchflussunterschied zwischen der Zu- und Ablaufdrossel bestimmt. Der Steuerkolben erreicht seinen oberen Anschlag und verharrt dort auf einem Kraftstoffpolster (hydraulischer Anschlag). Das Polster entsteht durch den Kraftstoffstrom, der sich zwischen der Zu- und Ablaufdrossel einstellt. Die Injektordüse ist nun voll geöffnet. Der Kraftstoff wird mit einem Druck, der annähernd dem Druck im Rail entspricht, in den Brennraum eingespritzt.
Die Kräfteverteilung am Injektor ist ähnlich der Kräfteverteilung während der Öffnungsphase. Die eingespritzte Kraftstoffmenge ist bei gegebenem Druck proportional zur Einschaltzeit des Magnetventils und unabhängig von der Motor- bzw. Pumpendrehzahl (zeitgesteuerte Einspritzung).

Injektor schließt (Einspritzende)
Bei nicht mehr angesteuertem Magnetventil drückt die Ventilfeder den Anker nach unten, die Ventilkugel verschließt daraufhin die Ablaufdrossel (Bild 1c). Durch das Verschließen der Ablaufdrossel baut sich im Steuerraum über den Zufluss der Zulaufdrossel wieder ein Druck wie im Rail auf. Dieser erhöhte Druck übt eine erhöhte Kraft auf den Steuerkolben aus. Diese Kraft aus dem Ventilsteuerraum und die Kraft der Düsenfeder überschreiten nun die Kraft auf die Düsennadel und die Düsennadel schließt. Der Durchfluss der Zulaufdrossel bestimmt die Schließgeschwindigkeit der Düsennadel. Die Einspritzung endet, wenn die Düsennadel den Düsenkörpersitz wieder erreicht und somit die Spritzlöcher verschließt.

Diese indirekte Ansteuerung der Düsennadel über ein hydraulisches Kraftverstärkersystem wird eingesetzt, weil die zu einem schnellen Öffnen der Düsennadel benötigten Kräfte mit dem Magnetventil nicht direkt erzeugt werden können. Die dabei zusätzlich zur eingespritzten Kraftstoffmenge benötigte Steuermenge gelangt über die Drosseln des Steuerraums in den Kraftstoffrücklauf.

Zusätzlich zur Steuermenge gibt es Leckagemengen an der Düsennadel- und der Ventilkolbenführung. Die Steuer- und die Leckagemengen werden über den Kraftstoffrücklauf mit einer Sammel-

leitung, an die auch Überströmventil, Hochdruckpumpe und Druckregelventil angeschlossen sind, wieder in den Kraftstoffbehälter zurückgeführt.

Kennfeldvarianten
Kennfelder mit Mengenplateau
Bei Injektoren wird im Kennfeld zwischen dem ballistischen und nichtballistischen Betrieb unterschieden. Der Verbund Ventilkolben/Düsennadel erreicht bei hinreichend langer Ansteuerdauer im Fahrzeugbetrieb den hydraulischen Anschlag (Bild 2a). Der Bereich, bis die Düsennadel den maximalen Hub erreicht, stellt den ballistischen Betrieb dar. Im Mengenkennfeld, bei dem die Einspritzmenge über die entsprechende Ansteuerdauer aufgetragen wird (Bild 2b), sind der ballistische und nichtballistische Bereich über einen Knick im Kennfeld voneinander getrennt.

Ein weiteres Charakteristikum des Mengenkennfeldes ist das Plateau bei kleinen Ansteuerdauern. Dieses Plateau kommt durch das Prellen des Magnetankers beim Öffnen zustande. In diesem Bereich ist die Einspritzmenge unabhängig von der Ansteuerdauer. Dadurch können kleine Einspritzmengen stabil dar-

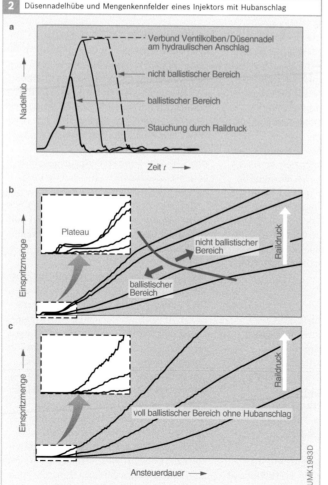

2 Düsennadelhübe und Mengenkennfelder eines Injektors mit Hubanschlag

a

Nadelhub

Verbund Ventilkolben/Düsennadel am hydraulischen Anschlag

nicht ballistischer Bereich

ballistischer Bereich

Stauchung durch Raildruck

Zeit *t*

b

Einspritzmenge

Plateau

nicht ballistischer Bereich

ballistischer Bereich

Raildruck

c

Einspritzmenge

voll ballistischer Bereich ohne Hubanschlag

Raildruck

Ansteuerdauer

UMK1983D

Erst nach abgeschlossenem Ankerprellen wird ein linearer Anstieg der Einspritzmenge mit zunehmender Ansteuerdauer erzielt.

Einspritzungen mit kleiner Einspritzmenge (kleine Ansteuerdauer) werden als Voreinspritzung zur Geräuschminderung eingesetzt. Nacheinspritzungen dienen der Verbesserung der Rußoxidation in ausgewählten Betriebsbereichen.

Kennfelder ohne Mengenplateau
Die verschärfte Abgasgesetzgebung führte zur Anwendung der beiden Systemfunktionen Injektormengenabgleich (IMA) und Nullmengenkalibrierung (NMK) sowie kurze Spritzabstände zwischen Vor-, Haupt- und Nacheinspritzung. Bei Injektoren ohne Plateaubereich kann über IMA im Neuzustand die Einspritzmenge der Voreinspritzung exakt eingestellt werden. Mithilfe der NMK können die Mengendriften im unteren Druckbereich über die Laufzeit korrigiert werden. Notwendige Voraussetzung für die Anwendung dieser beiden Systemfunktionen ist ein stetiger, linearer Mengenanstieg, d. h. der Entfall des Plateaus im Mengenkennfeld (Bild 2c). Wird zusätzlich der Verbund Ventilkolben/ Düsennadel im Nennbetrieb ohne Hubanschlag betrieben, dann handelt es sich hierbei um eine voll ballistische Arbeitsweise des Ventilkolbens ohne einen Knick im Mengenkennfeld.

Injektorvarianten
Bei den Magnetventil-Injektoren wird zwischen zwei verschiedenen Magnetventilkonzepten unterschieden:
▶ Injektoren mit druckbelastetem Kugelventil (Ventilkräfte wirken gegen den anstehenden Raildruck) und
▶ Injektoren mit einem druckausgeglichenen Ventil (Ventilkräfte sind nahezu unabhängig vom Raildruck).

Beim druckbelasteten Kugelventil wirkt der Druck des verdichteten Kraftstoffs auf die aus Ventilsitzwinkel und Kugeldurch-

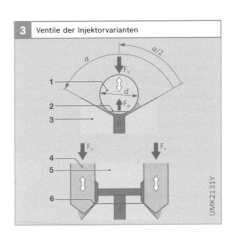

3 Ventile der Injektorvarianten

Bild 3
a   Druckbelastetes Kugelventil
b   druckausgeglichenes Ventil
1   Ventilkugel mit Durchmesser d
2   Ventilsitzdurchmesser D, $D = d \sin(90° - \alpha/2)$
3   Ventilstück mit Ventildichtsitz
4   Magnetanker mit Ventilsitz
5   Ankerführung (am Ventilstück)
6   Sitzdurchmesser (Führungsdurchmesser des Magnetankers)
α Ventilsitzwinkel
p Raildruck
F_p hydraulische Kraft ($F_p = \pi/4 \cdot D^2 p$)

messer resultierende Fläche (Bild 3a). Dieser Druck erzeugt eine öffnende Kraft. Die Feder kraft muss mindestens so groß sein, dass das Ventil im nicht aktiven Zustand geschlossen bleibt. In der Praxis ist die Federkraft um ca. 15 % größer als die hydraulische Kraft bei maximalem Einspritzdruck, um einerseits eine ausreichende Dynamik beim Schließen des Ventils zu erreichen und andererseits im geschlossenen Zustand eine ausreichende Dichtheit sicherzustellen.

Beim druckausgeglichenen Ventil gibt es keine Fläche, auf die der Druck wirkt und eine Kraft in öffnende Richtung erzeugen kann (Bild 3b).

Bei Bosch werden Magnetventil-Injektoren für Pkw-Dieselmotoren ab einem maximalen Raildruck von mehr als 1600 bar mit einem druckausgeglichenen Ventil angeboten. Mit diesen Ventilen können die Anforderungen an die Injektoren für moderne Dieselmotoren erreicht werden, da ein maximal großer Öffnungsquerschnitt des Ventils auch bei Drücken über 1600 bar erreicht wird. Damit wird die hydraulische Stabilität des Servoventils, mit dem der Düsennadelhub gesteuert wird, garantiert. Außerdem wird der Ventilhub auch bei hohen Raildrücken deutlich reduziert, um die erforderliche Dynamik auch für Einspritzdrücke über 1600 bar zu er-

reichen und die Sensitivität der Ventil-
dynamik gegen äußere Einflüsse zu redu-
zieren. Aufgrund der hohen Dynamik werden die geforderten minimalen zeitlichen
Abstände zwischen zwei Einspritzungen
erreicht. Zudem kann der Strombedarf zur
Ansteuerung der Magnetventile reduziert
werden.

Ansteuerung des Magnetventil-Injektors
Im Ruhezustand ist das Hochdruck-Magnetventil im Injektor nicht angesteuert
und damit geschlossen. Der Injektor
spritzt bei geöffnetem Magnetventil ein.
    Die Ansteuerung des Magnetventils wird
in fünf Phasen unterteilt (Bilder 4 und 5).

Öffnungsphase
Zum Öffnen des Magnetventils muss zunächst der Strom mit einer steilen, genau
definierten Flanke auf ca. 20 A ansteigen,
um eine geringe Toleranz und eine hohe
Reproduzierbarkeit (Wiederholgenauig-
keit) der Einspritzmenge zu erzielen. Dies
erreicht man mit einer Boosterspannung
von bis zu 50 V. Sie wird im Steuergerät
erzeugt und in einem Kondensator gespei-

chert (Boosterspannungsspeicher). Durch
das Anlegen dieser hohen Spannung an
das Magnetventil steigt der Strom um ein
Mehrfaches steiler an als beim Anlegen
der Batteriespannung.

Anzugsstromphase
In der Anzugsstromphase wird das
Magnetventil von der Batteriespannung
versorgt. Dies unterstützt das schnelle
Öffnen. Der Anzugsstrom wird mit einer
Stromregelung auf ca. 20 A begrenzt.

Haltestromphase
In der Haltestromphase wird der Strom auf
ca. 13 A abgesenkt, um die Verlustleistung
im Steuergerät und im Injektor zu verringern. Beim Absenken von Anzugsstrom
auf Haltestrom wird Energie frei. Sie wird
dem Boosterspannungsspeicher zugeführt.

Abschalten
Beim Abschalten des Stroms zum Schließen des Magnetventils wird ebenfalls Energie frei. Auch diese wird dem Boosterspannungsspeicher zugeführt.

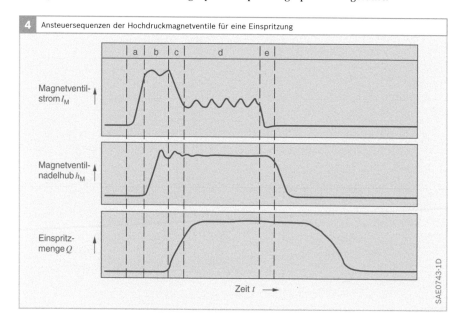

4   Ansteuersequenzen der Hochdruckmagnetventile für eine Einspritzung

Magnetventil-
strom I_M

Magnetventil-
nadelhub h_M

Einspritz-
menge Q

Zeit t —→

SAE0743-1D

Bild 4
a Öffnungsphase
b Anzugsstromphase
c Übergang zur
   Haltestromphase
d Haltestromphase
e Abschalten

5 Prinzipschaltung der Ansteuerphasen der Common Rail-Ansteuerung für eine Zylindergruppe

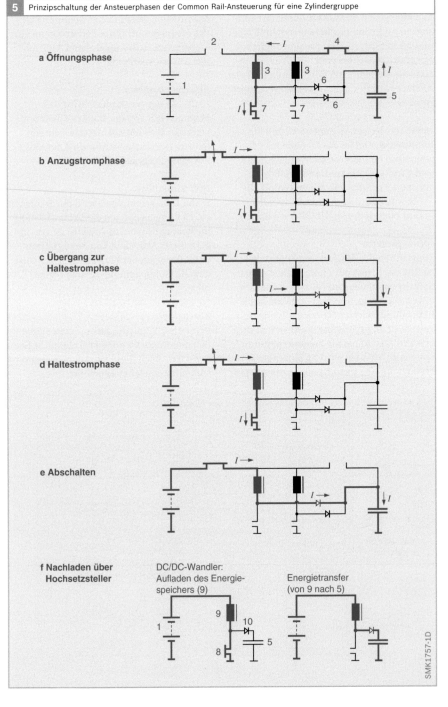

a Öffnungsphase

b Anzugstromphase

c Übergang zur Haltestromphase

d Haltestromphase

e Abschalten

f Nachladen über Hochsetzsteller

DC/DC-Wandler:
Aufladen des Energie-speichers (9)

Energietransfer
(von 9 nach 5)

SMK1757-1D

Bild 5
1 Batterie
2 Stromregelung
3 Spulen der Hochdruckmagnet-ventile
4 Boosterschalter
5 Boosterspannungs-speicher (Kondensator)
6 Freilaufdioden für Energierück-speisung und Schnelllöschung
7 Zylinderauswahl-schalter
8 DC/DC-Schalter
9 DC/DC-Spule
10 DC/DC-Diode
I Stromfluss

Nachladen über Hochsetzsteller
Das Nachladen geschieht über einen im Steuergerät integrierten Hochsetzsteller. Bereits zu Beginn der Anzugsphase wird die in der Öffnungsphase entnommene Energie nachgeladen. Dies geschieht so lange, bis das ursprüngliche Energiepotenzial erreicht wird, das zum Öffnen des Magnetventils notwendig ist.

Piezo-Inline-Injektor
Aufbau und Anforderungen
Der Aufbau des Piezo-Inline-Injektors gliedert sich schematisch in die wesentlichen Baugruppen (Bild 6)
▸ Aktormodul (3),

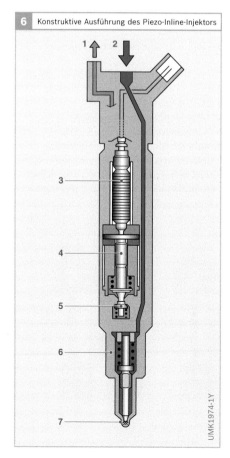

6 Konstruktive Ausführung des Piezo-Inline-Injektors

UMK1974-1Y

Bild 6
1 Kraftstoffrücklauf
2 Hochdruck-
  anschluss
3 Piezo-Stellmodul
4 hydraulischer
  Koppler (Über-
  setzer)
5 Servoventil
  (Steuerventil)
6 Düsenmodul
  mit Düsennadel
7 Spritzloch

▸ hydraulischer Koppler oder Übersetzer (4),
▸ Steuer- oder Servoventil (5) und
▸ Düsenmodul (6).

Bei der Auslegung des Injektors wurde darauf geachtet, dass eine hohe Gesamtsteifigkeit innerhalb der Stellerkette aus Aktor, hydraulischem Koppler und Steuerventil erreicht wird. Eine weitere konstruktive Besonderheit ist die Vermeidung von mechanischen Kräften auf die Düsennadel, wie sie bei bisherigen Magnetventil-Injektoren über eine Druckstange auftreten können. In der Summe konnten damit die bewegten Massen und die Reibung wirkungsvoll reduziert und die Stabilität und Drift des Injektors gegenüber konventionellen Systemen verbessert werden.

Zusätzlich bietet das Einspritzsystem die Möglichkeit, sehr kurze Abstände („hydraulisch Null") zwischen den Einspritzungen zu realisieren. Die Anzahl und Ausgestaltung der Kraftstoffzumessung kann bis zu fünf Einspritzungen pro Einspritzzyklus darstellen und somit den Erfordernissen an den Motorbetriebspunkten angepasst werden.

Durch die enge Kopplung des Servoventils (5) an die Düsennadel wird eine unmittelbare Reaktion der Nadel auf die Betätigung des Aktors erzielt. Die Verzugszeit zwischen dem elektrischen Ansteuerbeginn und der hydraulischen Reaktion der Düsennadel beträgt etwa 150 Mikrosekunden. Dadurch können die gegensätzlichen Anforderungen hohe Nadelgeschwindigkeiten mit gleichzeitiger Realisierung kleinster reproduzierbarer Einspritzmengen erfüllt werden.

Analog zum Magnetventilinjektor wird zur Aktivierung einer Einspritzung eine Steuermenge über das Ventil abgesteuert. Bedingt durch das Design des Piezoinjektors beinhaltet der Injektor darüber hinaus keine direkten Leckagestellen vom Hochdruckbereich in den Niederdruckkreis. Eine Steigerung des hydraulischen Wirkungsgrads des Gesamtsystems ist die Folge.

Arbeitsweise

Funktion des 3/2-Servoventils im CR-Injektor

Die Düsennadel in der Düse wird bei dem Piezo-Inline-Injektor über ein Servoventil indirekt gesteuert. Die gewünschte Einspritzmenge wird dabei über die Ansteuerdauer des Ventils geregelt. Im nicht angesteuerten Zustand befindet sich der Aktor in der Ausgangsposition mit geschlossenem Servoventil (Bild 7a). Das heißt, der Hochdruckbereich ist vom Niederdruckbereich getrennt. Die Düse wird durch den im Steuerraum (3) anliegenden Raildruck geschlossen gehalten.

Durch das Ansteuern des Piezoaktors öffnet das Servoventil und verschließt die Bypassbohrung (Bild 7b, Pos. 6). Über das Durchflussverhältnis von Ablauf- (2) und Zulaufdrossel (4) wird der Druck im Steuerraum abgesenkt und die Düse (5) geöffnet. Die anfallende Steuermenge fließt über das Servoventil in den Niederdruckkreis des Gesamtsystems.

Um den Schließvorgang einzuleiten wird der Aktor entladen und das Servoventil gibt den Bypass wieder frei. Über die Zulauf- und Ablaufdrossel in Rückwärtsrichtung wird nun der Steuerraum wieder befüllt und der Steuerraumdruck erhöht. Sobald das erforderliche Druckniveau erreicht ist, beginnt die Düsennadel sich zu bewegen und der Einspritzvorgang wird beendet.

Bedingt durch die oben beschriebene Ventilkonstruktion und der höheren Dynamik des Stellsystems ergibt sich gegenüber Injektoren mit konventioneller Bauart, d. h. Druckstange und 2/2-Ventil, eine deutlich verkürzte Spritzdauer, was sich günstig auf Emissionen und Motorleistung auswirkt. Aufgrund der motorischen Anforderungen in Bezug auf EU 4 wurden die Injektorkennlinien auf den Einsatz von Korrekturfunktionen (Injektormengenabgleich, IMA, und Nullmengenkalibrierung, NMK) optimiert. So kann die Voreinspritzmenge beliebig nachgeführt und durch den vollballistischen Betrieb die Mengenstreuungen im Kennfeld über IMA minimiert werden (Bild 8).

Funktion des hydraulischen Kopplers

Ein weiteres wesentliches Bauelement im Piezo-Inline-Injektor ist der hydraulische Koppler (Bild 9, Pos. 3), der folgende Funktionen erfüllen muss:
▸ Übersetzung des Aktorhubs,
▸ Ausgleich eines eventuell vorhandenen Spiels (z. B. durch Wärmedehnung) zwischen Aktor und Servoventil,
▸ Fail-safe-Funktion (selbsttätige Sicherheitsabschaltung der Einspritzung im

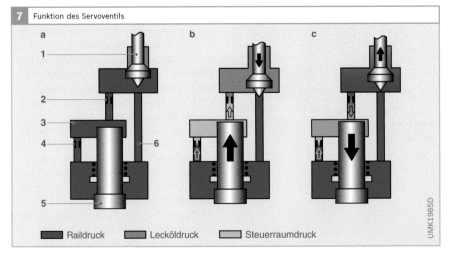

7 Funktion des Servoventils

a

b

c

1

2

3

4 — 6

5

■ Raildruck ▨ Lecköldruck □ Steuerraumdruck

UMK1985D

Bild 7
a Startposition
b Düsennadel öffnet (Bypass geschlossen, normale Funktion mit Ablauf- und Zulaufdrossel)
c Düsennadel schließt (Bypass offen, Funktion mit zwei Zulaufdrosseln)

1 Servoventil (Steuerventil)
2 Ablaufdrossel
3 Steuerraum
4 Zulaufdrossel
5 Düsennadel
6 Bypass

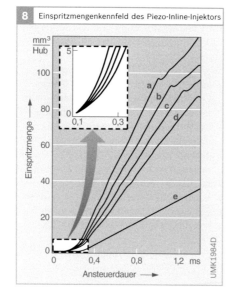

8 Einspritzmengenkennfeld des Piezo-Inline-Injektors

Einspritzmenge →

mm³/Hub

Ansteuerdauer →

UMK1984D

Bild 8
Einspritzmengen bei
unterschiedlichen Ein-
spritzdrücken
a 1600 bar
b 1200 bar
c 1000 bar
d 800 bar
e 250 bar

Fehlerfall einer elektrischen Dekontaktierung).

Das Aktormodul und der hydraulische Koppler sind von Dieselkraftstoff umgeben, der über den Systemniederdruckkreis am Rücklauf des Injektors unter einem Druck von ca. 10 bar steht. Im nicht angesteuerten Zustand des Aktors steht der Druck im hydraulischen Koppler im Gleichgewicht mit seiner Umgebung. Längenänderungen aufgrund von Temperatureinflüssen werden durch geringe Leckmengen über die Führungsspiele der beiden Kolben (Bild 9) ausgeglichen, sodass zu jedem Zeitpunkt eine Kraftkoppelung zwischen Aktor und Schaltventil erhalten bleibt.

Um nun eine Einspritzung zu erzeugen wird der Aktor so lange mit einer Spannung (110…150 V) beaufschlagt, bis die Öffnungskraft am Schaltventil überschritten wird.

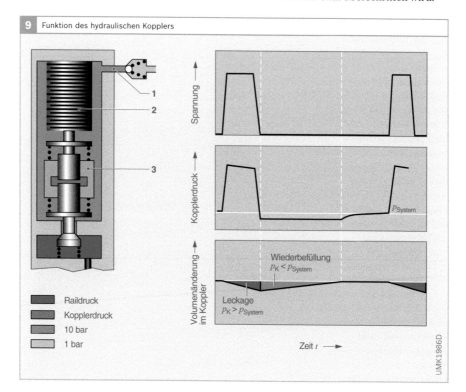

9 Funktion des hydraulischen Kopplers

Spannung →

Kopplerdruck →

p_{System}

Volumenänderung im Koppler →

Wiederbefüllung
$p_K < p_{System}$

Leckage
$p_K > p_{System}$

Zeit t →

Raildruck
Kopplerdruck
10 bar
1 bar

UMK1986D

Bild 9
1 Niederdruckrail
  mit Ventil
2 Aktor
3 Hydraulischer
  Koppler (Überset-
  zer)

Dadurch steigt der Druck im Koppler an und eine geringe Leckagemenge fließt über die Kolbenführungsspiele aus dem Koppler in den Niederdruckkreis (10 bar) des Injektors. Bei mehrfacher, kurz aufeinander folgender Betätigung des Kopplers von bis zu mehreren Millisekunden (< 2 ms) ergeben sich keine Auswirkung auf die Funktion des Injektors.

Nachdem der Einspritzvorgang beendet ist, wird die Fehlmenge im hydraulischen Koppler wieder aufgefüllt. Dies geschieht nun in umgekehrter Richtung über die Führungsspiele der Kolben durch den Druckunterschied zwischen hydraulischem Koppler und Niederdruckkreis des Injektors. Die Abstimmung der Führungsspiele und Niederdruckniveaus ist so gewählt, dass vor dem nächsten Einspritzzyklus der hydraulische Koppler wieder vollständig aufgefüllt ist.

Ansteuerung des Common Rail Piezo-Inline-Injektors

Die Ansteuerung des Injektors erfolgt über ein Motorsteuergerät, deren Endstufe speziell für diese Injektoren entwickelt wurde. Abhängig vom Raildruck des eingestellten Betriebspunkts wird eine Sollansteuerspannung vorgegeben. Die Bestromung erfolgt pulsförmig (Bild 10), bis eine minimale Abweichung zwischen Soll- und Regelspannung, gemessen am Aktor, erreicht wird. Die dafür

erforderliche Energie wird aus einem Buffer-Kondensator innerhalb des Steuergeräts bereitgestellt.

Vorteile des Piezo-Inline-Injektors

▶ Mehrfacheinspritzung mit flexiblem Einspritzbeginn und Abständen zwischen den Einzeleinspritzungen,
▶ Darstellung sehr kleiner Einspritzmengen für die Voreinspritzung,
▶ geringe Baugröße und niedriges Gewicht des Injektors (270 g gegenüber 490 g),
▶ niedriges Geräusch (−3 dB [A]),
▶ Verbrauchsvorteil (−3 %),
▶ geringere Abgasemissionen (−20 %),
▶ Steigerung der Motorleistung (+7 %).

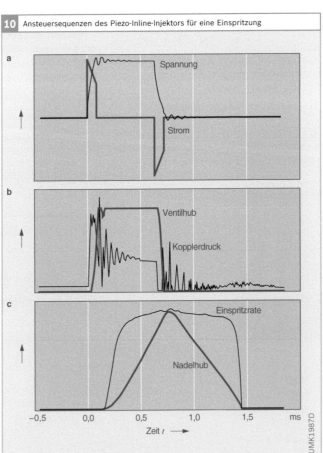

10 Ansteuersequenzen des Piezo-Inline-Injektors für eine Einspritzung

a Spannung
Strom

b Ventilhub
Kopplerdruck

c Einspritzrate
Nadelhub

−0,5   0,0   0,5   1,0   1,5   ms
Zeit *t* ⟶

UMK1987D

Bild 10
a Strom- und Spannungsverlauf bei Ansteuern des Injektors
b Verlauf des Ventilhubs und des Kopplerdrucks
c Verlauf des Ventilhubs und der Einspritzrate

Der Piezo-Effekt

Pierre Curie und sein Bruder Jacques entdeckten 1880 ein Phänomen, das zwar nur wenigen bekannt ist, aber heute Millionen Menschen täglich begleitet: den piezoelektrischen Effekt. Er hält z. B. die Zeiger der Quarzuhr im Takt.

Bestimmte Kristalle (z. B. Quarz und Turmalin) sind piezoelektrisch: Durch Stauchung oder Streckung entlang bestimmter Kristallachsen werden elektrische Ladungen auf der Kristalloberfläche induziert. Diese elektrische Polarisierung entsteht dadurch, dass sich die positiven und negativen Ionen im Kristall unter der Krafteinwirkung relativ zueinander verschieben (s. Bild, Pos. b). Im Inneren des Kristalls gleichen sich die verschobenen Ladungsschwerpunkte aus, zwischen den Stirnflächen des Kristalls jedoch entsteht ein elektrisches Feld. Stauchung und Dehnung des Kristalls erzeugen umgekehrte Feldrichtungen.

Wird andererseits an die Stirnflächen des Kristalls eine elektrische Spannung angelegt, so kehrt sich der Effekt um (inverser Piezo-Effekt): Die positiven Ionen werden im elektrischen Feld in Richtung zur negativen Elektrode hin verschoben, die negativen Ionen zur positiven Elektrode hin. Dadurch kontrahiert oder expandiert der Kristall je nach Richtung der elektrischen Feldstärke (s. Bild, Pos. c).

Für die piezoelektrische Feldstärke E_p gilt:
$$E_p = \delta \cdot \Delta x / x$$
$\Delta x / x$: relative Stauchung bzw. Dehnung
δ: piezoelektrischer Koeffizient, Zahlenwerte 10^9 V/cm bis 10^{11} V/cm

Die Längenänderung Δx ergibt sich bei einer angelegten Spannung U aus:
$U/\delta = \Delta x$ (Beispiel Quarz: Deformation von etwa 10^{-9} cm bei $U = 10$ V)

Der Piezo-Effekt wird nicht nur in Quarzuhren und Piezo-Inline-Injektoren genutzt, sondern hat – als direkter oder inverser Piezoeffekt – eine Vielzahl weiterer technischer Anwendungen:

Piezoelektrische Sensoren werden z. B. zur Klopfregelung im Ottomotor eingesetzt, wo sie hochfrequente Schwingungen des Motors als Merkmal für klopfende Verbrennung detektieren. Die Umwandlung von mechanischer Schwingung in elektrische Spannungen wird auch im Kristall-Tonabnehmer des Plattenspielers oder bei Kristallmikrofonen genutzt. Beim Piezo-Zünder (z. B. im Feuerzeug) ruft ein mechanischer Druck die zur Funkenerzeugung benötigte Spannung hervor.

Legt man andererseits eine Wechselspannung an einen Piezo-Kristall, so schwingt er mechanisch mit der Frequenz der Wechselspannung. Solche Schwingquarze werden z. B. als Stabilisatoren in elektrischen Schwingkreisen eingesetzt oder als piezoelektrische Schallquelle zur Erzeugung von Ultraschall.

Für den Einsatz als Uhrenquarz wird der Schwingquarz mit einer Wechselspannung angeregt, deren Frequenz einer Eigenfrequenz des Quarzes entspricht. So entsteht eine zeitlich äußerst konstante Resonanzschwingung, deren Abweichung bei einem geeichten Quarz ca. 1/1000 Sekunde pro Jahr beträgt.

Prinzip des Piezo-Effekts
(dargestellt an einer Einheitszelle)

a Quarzkristall SiO_2

b Piezo-Effekt:
Bei Stauchung des Kristalls schieben sich die negativen O^{2-}-Ionen nach oben, die positiven Si^{4+}-Ionen nach unten:
an der Kristalloberfläche werden elektrische Ladungen induziert.

c inverser Piezo-Effekt:
Durch die angelegte elektrische Spannung werden O^{2-}-Ionen nach oben, Si^{4+}-Ionen nach unten verschoben: der Kristall kontrahiert.

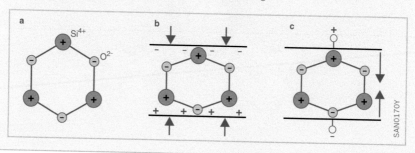

a Si^{4+} O^{2-} b c

SAN0170Y

Hochdruckpumpen

Anforderungen und Aufgabe

Die Hochdruckpumpe ist die Schnittstelle zwischen dem Niederdruck- und dem Hochdruckteil des Common-Rail-Systems. Sie hat die Aufgabe, immer genügend verdichteten Kraftstoff in allen Betriebsbereichen und über die gesamte Lebensdauer des Fahrzeugs bereitzustellen. Das schließt das Bereitstellen einer Kraftstoffreserve mit ein, die für einen schnellen Startvorgang und einen raschen Druckanstieg im Rail notwendig ist.

Die Hochdruckpumpe erzeugt permanent und unabhängig von der Einspritzung den Systemdruck für den Hochdruckspeicher (Rail). Deshalb muss der Kraftstoff - im Vergleich zu herkömmlichen Einspritzsystemen - nicht im Verlauf der Einspritzung komprimiert werden.

Als Hochdruckpumpe für die Druckerzeugung dienen 3-, 2- und 1-Stempel-Radialkolbenpumpen. Bei der 3-Stempelpumpe sorgt eine Exzenterwelle für die Hubbewegung der Pumpenkolben, bei den 2- und 1-Stempelpumpen geschieht dies über eine Nockenwelle. Bei Nfz werden auch 2-Stempel-Reihenpumpen eingesetzt.

Die Hochdruckpumpe ist vorzugsweise an derselben Stelle wie konventionelle Verteilereinspritzpumpen am Dieselmotor angebaut. Sie wird vom Motor über Kupplung, Zahnräder, Kette oder Zahnriemen angetrieben. Die Pumpendrehzahl ist somit mit einem festen Übersetzungsverhältnis an die Motordrehzahl gekoppelt.

Hochdruckpumpen werden in verschiedenen Ausführungen in Pkw und Nfz eingesetzt. Innerhalb der Pumpengenerationen gibt es Ausführungen mit unterschiedlicher Förderleistung (50...550 l/h) und unterschiedlichem Förderdruck (900...2500 bar).

3-Stempel-Radialkolbenpumpe

Aufbau

Im Gehäuse der Hochdruckpumpe (Bild 1 und Bild 2) ist zentral die Antriebswelle gelagert. Radial dazu sind jeweils um 120°

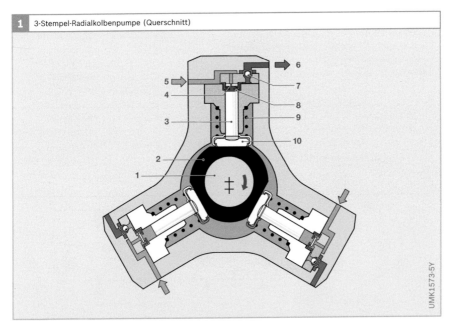

1 3-Stempel-Radialkolbenpumpe (Querschnitt)

UMK1573-5Y

Bild 1

1 Antriebswelle
   mit Exzenter
2 Polygonring
3 Pumpenkolben
4 Saugventil
   (Einlassventil)
5 Kraftstoffzulauf
6 Hochdruckauslass
7 Auslassventil
8 Elementraum
9 Ventilfeder
10 Kolbenfußplatte

versetzt die Pumpenelemente angeordnet. Der auf den Exzenter der Antriebswelle aufgesetzte Polygonring zwingt die Pumpenkolben zur Auf- und Abbewegung. Die Kraftübertragung zwischen der Exzenterwelle und dem Pumpenkolben erfolgt über die am Kolbenfuß befestigte Kolbenfußplatte.

Kraftstoffförderung und Komprimierung
Die Vorförderpumpe – eine Elektrokraftstoffpumpe oder eine mechanisch angetriebene Zahnradpumpe – fördert Kraftstoff über ein Filter mit Wasserabscheider zum Zulauf der Hochdruckpumpe. Bei Pkw-Systemen mit einer an der Hochdruckpumpe angeflanschten Zahnradpumpe befindet sich der Zulauf innerhalb der Pumpe. Hinter dem Zulauf ist ein Überströmventil angeordnet. Überschreitet der Förderdruck der Vorförderpumpe den Öffnungsdruck (0,5…1,5 bar) des Überströmventils, so wird der Kraftstoff durch dessen Drosselbohrung in den Schmier- und Kühlkreislauf der Hochdruckpumpe gedrückt. Die Antriebswelle mit ihrem Exzenter bewegt die drei Pumpenkolben entsprechend dem Exzenterhub auf und ab. Kraftstoff gelangt durch das Saugventil in denjenigen Elementraum, bei dem sich der Pumpenkolben nach unten bewegt (Saughub).

Wird der untere Totpunkt des Pumpenkolbens überschritten, so schließt das Saugventil und der Kraftstoff im Elementraum kann nicht mehr entweichen. Er kann nun über den Förderdruck der Vorförderpumpe hinaus komprimiert werden. Wenn der sich aufbauende Druck den Gegendruck aus dem Rail überschreitet, öffnet das Auslassventil und der komprimierte Kraftstoff gelangt in den Hochdruckkreis. Die Hochdruckanschlüsse der drei Pumpenelemente sind innerhalb des Pumpengehäuses zusammengefasst, sodass nur eine Hochdruckleitung zum Rail führt.

Der Pumpenkolben fördert so lange Kraftstoff, bis der obere Totpunkt erreicht wird (Förderhub). Danach fällt der Druck ab, sodass das Auslassventil schließt. Der Pumpenkolben bewegt sich infolge der Kraftwirkung der Ventilfeder nach unten und der im Totvolumen verbleibende Kraftstoff entspannt sich.

Unterschreitet der Druck im Elementraum die Differenz zwischen Vorförderdruck und Öffnungsdruck des Saugventils, öffnet dieses wieder und der Vorgang beginnt von neuem.

Übersetzungsverhältnis
Die Fördermenge einer Hochdruckpumpe ist proportional zu ihrer Drehzahl. Die Pumpendrehzahl ist wiederum abhängig von der Motordrehzahl. Sie wird bei der Applikation des Einspritzsystems an den Motor über das Übersetzungsverhältnis so festgelegt, dass einerseits die überschüssig geförderte Kraftstoffmenge nicht zu hoch und andererseits der Kraftstoffbedarf bei Volllastbetrieb des Motors gedeckt ist. Mögliche Übersetzungen bezogen auf die Kurbelwelle liegen zwischen 1:2 und 5:6. Das heißt, die Hochdruckpumpe wird ins Schnelle übersetzt. Die Pumpendrehzahl ist

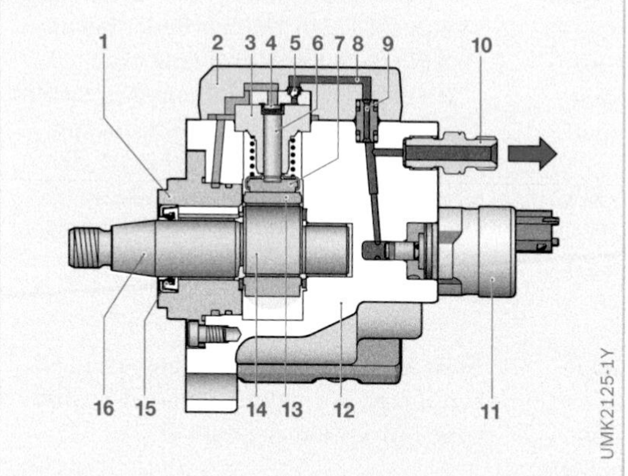

Bild 2
1 Flansch
2 Zylinderkopf
3 Pumpenzylinder
4 Saugventil (Einlassventil)
5 Auslassventil
6 Pumpenkolben
7 Kolbenfußplatte
8 Hochdruckkanal
9 Verbindungsstück
10 Hochdruckanschlussstutzen
11 Druckregelventil (für dauerfördernde Hochdruckpumpe)
12 Pumpengehäuse
13 Polygonring
14 Exzenter
15 Wellendichtring
16 Antriebswelle

2 3-Stempel-Radialkolbenpumpe (Längsschnitt)

1 2 3 4 5 6 7 8 9 10

16 15 14 13 12 11

UMK2125-1Y

somit höher als die Motordrehzahl. Für Nfz sind wegen der niedrigen Motordrehzahlen höhere Übersetzungsverhältnisse erforderlich.

Förderleistung

Da die Hochdruckpumpe für große Fördermengen ausgelegt ist, gibt es im Leerlauf und im Teillastbetrieb einen Überschuss an verdichtetem Kraftstoff. Dieser zu viel geförderte Kraftstoff wird bei Systemen der ersten Generation über das am Rail sitzende oder an der Pumpe angeflanschte Druckregelventil zum Kraftstoffbehälter zurückgeleitet. Da der verdichtete Kraftstoff entspannt wird, geht die durch die Verdichtung eingebrachte Energie verloren; der Gesamtwirkungsgrad sinkt. Das Komprimieren und anschließende Entspannen des Kraftstoffs führt auch zum Aufheizen des Kraftstoffs.

Bedarfsregelung

Eine Verbesserung des energetischen Wirkungsgrads ist durch eine kraftstoffzulaufseitige (saugseitige) Mengenregelung der Hochdruckpumpe möglich. Hierbei wird der in die Pumpenelemente fließende an die Hochdruckpumpe angebautes Magnetventil (Zumesseinheit, ZME) dosiert (Bild 3). Dieses Ventil passt die ins Rail geförderte Kraftstoffmenge über die im Kolben eingelassenen Steuerschlitze dem Systembedarf an. Der vom Magnetventil betätigte Kolben gibt entsprechend seiner Stellung über die Steuerschlitze einen Durchflussquerschnitt frei. Die Ansteuerung des Magnetventils geschieht über ein PWM-Signal (Pulsweitenmodulation).

Mit dieser Mengenregelung wird nicht nur der Leistungsbedarf der Hochdruckpumpe gesenkt, sondern auch die maximale Kraftstofftemperatur reduziert.

1- und 2-Stempel-Radialkolbenpumpe

Anforderungen

Durch den Förderhub der Pumpenelemente werden Druckpulsationen im Rail

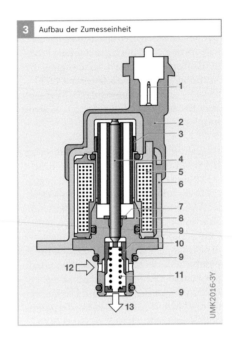

3 Aufbau der Zumesseinheit

UMK2016-3Y

Bild 3
1 Stecker mit elektrischer Schnittstelle
2 Magnetgehäuse
3 Lager
4 Anker mit Stößel
5 Magnetventilwicklung mit Spulenkörper
6 Topf
7 Restluftspaltscheibe
8 Magnetkern
9 O-Ring
10 Kolben mit Steuerschlitzen
11 Feder
12 Kraftstoffzulauf
13 Kraftstoffauslass

hervorgerufen, die bei den 3-Stempelpumpen zu Einspritzmengenschwankungen führen. Zur Einhaltung der immer weiter verschärften Emissionsgrenzwerte gewinnt die Präzision der Einspritzung mit minimalen Einspritzmengenschwankungen zunehmend an Bedeutung. Die 1- und die 2-Stempel-Radialkolbenpumpe ermöglichen die einspritzsynchrone Förderung, d. h., der Förderhub der Pumpenelemente erfolgt synchron mit dem Saughub der Motorzylinder. Somit fördert die Pumpe für jeden Motorzylinder immer zum gleichen Kurbelwellenwinkel.

Mit einem oder zwei Pumpenelementen können durch Anpassung des Übersetzungsverhältnisses von 1:2 bis 1:1 zwischen Motor- und Pumpendrehzahl alle Motoren mit drei bis zu acht Zylindern einspritzsynchron bedient werden.

Aufbau

Diese Hochdruckpumpe ist eine Radialkolbenpumpe in 1- oder 2-Stempel-Ausführung. Sie besteht aus (Bild 4)

▶ einem Aluminiumgehäuse, das nur mit Niederdruck beaufschlagt ist,
▶ ein oder zwei Pumpenelementen mit hochdruckfesten Zylinderköpfen aus Stahl mit integriertem Hochdruckventil und Hochdruckanschluss sowie
▶ einem Nockentriebwerk mit Rollenstößel, der die Drehbewegung der Nockenwelle über die Nocken (Doppelnocken mit 180°-Versatz) in eine Hubbewegung des Pumpenkolbens im Zylinderkopf überträgt. Die Nockenwelle wird im Anbauflansch und Gehäuse in zwei Gleitlagern geführt.

Der Hochdruck wird im Pumpenelement erzeugt. Abhängig vom Hubraum und der Zylinderanzahl des Motors sowie dem Übersetzungsverhältnis werden 1- oder 2-Stempelpumpen eingesetzt. Um den Kraftstoffbedarf von größeren Motoren zu decken, sind zwei Pumpenelemente erforderlich. Bei der 2-Stempel-Ausführung sind die Pumpenelemente in V-Form im 90°-Winkel zueinander angeordnet.

Die große Überdeckungslänge zwischen Zylinderwand und Pumpenkolben führt zu geringen Leckageverlusten beim Komprimieren des Kraftstoffs. Zum anderen führen kurze Leckagezeiten durch die hohe Förderfrequenz (zwei Hübe pro Umdrehung pro Kolben) und das kleine Totvolumen im Zylinderkopf zu einer weiteren Wirkungsgradoptimierung und damit zu einer Reduzierung des Kraftstoffverbrauchs.

Durch die 90°-V-Anordnung der Zylinderköpfe bei der 2-Stempelpumpe gibt es keine Überlappung der Saughübe. Somit ist die Füllung der beiden Pumpenelemente identisch (Gleichförderung).

Die Verbindung vom Hockdruckanschluss zum Rail erfolgt über eine (bei der 1-Stempelpumpe) oder zwei (bei der 2-Stempelpumpe) Hochdruckleitungen. Der Hochdruck wird nicht im Gehäuse zusammengefasst, sondern direkt vom Zylinderkopf nach außen geführt. Deshalb sind keine hochdruck- und festigkeitssteigernden Maßnahmen für das Gehäuse erforderlich.

Niederdruckkreis

Der gesamte von der Vorförderpumpe (Elektrokraftstoffpumpe oder an die Hochdruckpumpe angeflanschte Zahnradpumpe) geförderte Kraftstoff wird durch den Pumpeninnenraum zum Überströmventil und zur Zumesseinheit geführt. Damit ist die zur Schmierung und Kühlung genutzte Kraftstoffmenge größer als bei den bisherigen Pumpen. Das Überströmventil regelt den Pumpen-Innenraumdruck und schützt somit das Gehäuse vor Überdruck.

Der gesamte Niederdruckpfad ist aufgrund großer Querschnitte entdrosselt, sodass die Befüllung der Pumpenelemente auch bei hohen Drehzahlen sicher gewährleistet ist. Die Mengenzumessung erfolgt niederdruckseitig mit der Zumesseinheit. Das Konzept dieser hier eingesetzten Zumesseinheit entspricht dem der für die 3-Stempel-Radialkolbenpumpe verwendeten Zumesseinheit (Bild 3), sie unterscheiden sich jedoch in der Konstruktion.

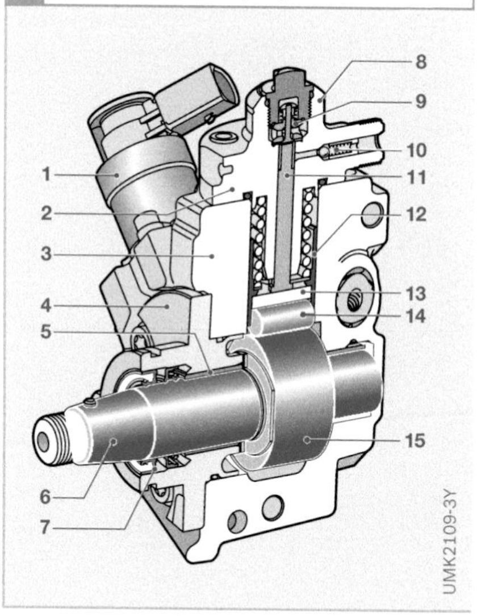

Bild 4

1 Zumesseinheit
2 Pumpenelement
3 Pumpengehäuse
4 Anbauflansch
5 Gleitlager
6 Antriebswelle (Nockenwelle)
7 Wellendichtring
8 Zylinderkopf
9 Saugventil (Einlassventil)
10 Hochdruckventil (Rückschlagventil) im Hochdruckanschluss (Kraftstoffzulauf in dieser Darstellung nicht sichtbar)
11 Pumpenkolben
12 Rollenstößel
13 Rollenschuh
14 Laufrolle
15 Doppelnocken

4 1-Stempel-Radialkolbenpumpe

UMK2109-3Y

Hochdruckkreis

Der von der Zumesseinheit vorgesteuerte Kraftstoff gelangt in der Saugphase durch das Saugventil in den Elementraum und wird während der anschließenden Förderphase auf Hochdruck verdichtet und durch das Hochdruckventil und die Hochdruckleitung ins Rail gefördert.

2-Stempel-Reihenkolbenpumpe

Aufbau

Diese bedarfsgeregelte Hochdruckpumpe für Raildrücke bis zu 2500 bar kommt nur im Nfz-Bereich zur Anwendung. Es handelt sich um eine 2-Stempelpumpe in Reihenbauart, d. h., auf die Achsrichtung der Nockenwelle bezogen sind die beiden Pumpenelemente hintereinander angeordnet (Bild 5). Diese Hochdruckpumpe gibt es sowohl als ölgeschmierte als auch als kraftstoffgeschmierte Variante.

Ein Federteller verbindet den Pumpenkolben formschlüssig mit dem Rollenstößel. Über die Nocken wird die Rotationsbewegung der Nockenwelle in eine Hubbewegung der Pumpenkolben umgesetzt. Die Kolbenfeder sorgt für die Rückführung des Pumpenkolbens. Oben am Pumpenelement ist das kombinierte Ein- und Auslassventil aufgesetzt.

In der Verlängerung der Nockenwelle befindet sich die ins Schnelle übersetzte Zahnrad-Vorförderpumpe, die den Kraftstoff über den Kraftstoffeinlass aus dem Tank ansaugt und über den Kraftstoffauslass zum Kraftstoff-Feinfilter leitet. Von dort gelangt er über eine weitere Leitung in die im oberen Bereich der Hochdruckpumpe angeordnete Zumesseinheit.

Die Versorgung mit Schmieröl erfolgt entweder direkt über den Anbauflansch der Pumpe oder über einen seitlichen Zu-

fluss. Der Schmierölrücklauf geht in die Ölwanne des Motors.

Arbeitsweise

Bewegt sich der Pumpenkolben vom oberen Totpunkt in Richtung unteren Totpunkt, öffnet aufgrund des Kraftstoffdrucks (Vorförderdruck) das Saugventil. Infolge der Abwärtsbewegung des Pumpenkolbens wird der Kraftstoff in den Elementraum gesaugt. Das Auslassventil wird durch die Ventilfeder geschlossen.

Bei der Aufwärtsbewegung des Pumpenkolbens schließt das Saugventil und der eingeschlossene Kraftstoff wird verdichtet. Bei Überschreiten des Raildrucks öffnet das Auslassventil und der Kraftstoff wird über den Hochdruckanschluss ins Rail gefördert. Dadurch erhöht sich der Druck im Rail. Der Raildrucksensor misst den Druck, das Motorsteuergerät berechnet daraus die Ansteuersignale (PWM) für die Zumesseinheit. Diese regelt die zur Verdichtung bereitgestellte Kraftstoffmenge entsprechend dem aktuellen Bedarf.

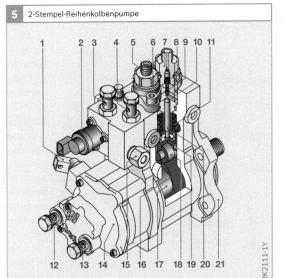

5   2-Stempel-Reihenkolbenpumpe

UMK2111-1Y

Bild 5

1 Drehzahlsensor (Pumpendrehzahl)
2 Zumesseinheit
3 Kraftstoffzulauf für Zumesseinheit (vom Kraftstofffilter)
4 Kraftstoffrücklauf zum Kraftstoffbehälter
5 Hochdruckanschluss
6 Ventilkörper
7 Ventilhalter
8 Auslassventil mit Ventilfeder
9 Saugventil (Einlassventil) mit Ventilfeder
10 Kraftstoffzulauf zum Pumpenelement
11 Kolbenfeder
12 Kraftstoffzulauf vom Kraftstoffbehälter
13 Kraftstoffauslass zum Kraftstofffilter
14 Zahnrad-Vorförderpumpe
15 Überströmventil
16 konkaver Nocken
17 Nockenwelle
18 Rollenbolzen mit Rolle
19 Rollenstößel
20 Pumpenkolben
21 Anbauflansch

Rail (Hochdruckspeicher)

Aufgabe

Das Rail hat die Aufgabe, den Kraftstoff bei hohem Druck zu speichern. Dabei werden Druckschwingungen, die durch die pulsierende Pumpenförderung und die Einspritzungen der Injektoren entstehen, durch das Speichervolumen gedämpft. Damit ist sichergestellt, dass beim Öffnen eines Injektors der Einspritzdruck konstant bleibt. Einerseits muss das Speichervolumen groß genug sein, um dieser Anforderung gerecht zu werden. Andererseits muss es klein genug sein, um einen schnellen Druckaufbau beim Start zu gewährleisten.

Neben der Funktion der Kraftstoffspeicherung hat das Rail auch die Aufgabe, den Kraftstoff auf die Injektoren zu verteilen.

Anwendung

Das rohrförmige Rail kann wegen der unterschiedlichen Motoreinbaubedingungen verschiedenartig gestaltet sein. Es hat eine Anbaumöglichkeit für den Raildrucksensor sowie für das Druckbegrenzungsventil oder das Druckregelventil (Bild 1). Der von der Hochdruckpumpe verdichtete Kraftstoff wird über eine oder zwei Kraftstoff-Hochdruckleitungen in den Zulauf des Rails geleitet. Von dort wird er über Hochdruckleitungen auf die einzelnen Injektoren verteilt. Das im Rail vorhandene Volumen ist während des Motorbetriebs ständig mit unter Druck stehendem Kraftstoff gefüllt.

Die Regelung des Kraftstoffdrucks erfolgt über die Elektronische Dieselregelung (EDC), wobei der Kraftstoffdruck vom Raildrucksensor gemessen und – je nach System – von der Bedarfsregelung oder über das Druckregelventil auf den gewünschten Wert geregelt wird. Das Druckbegrenzungsventil wird – abhängig von den Systemanforderungen – als Alternative zum Druckregelventil eingesetzt und hat die Aufgabe, im Fehlerfall den Kraftstoffdruck im Rail auf den maximal zulässigen Druck zu begrenzen.

Bei einigen Railtypen kommen Drosseln im Railzulauf und im Railablauf zum Einsatz, welche die Druckschwingungen der Pumpenförderung und Einspritzungen zusätzlich dämpfen. Wird nun Kraftstoff für eine Einspritzung aus dem Rail entnommen, bleibt der Druck im Rail nahezu konstant.

Railtypen

Es werden zwei verschiedene Railtypen unterschieden – das Schmiederail (Hot Forged Rail) und das Schweißrail (Laser Welded Rail). Bei Bosch sind beide Typen in Serie, die Vorzugsvariante ist das Schmiederail.

Beim Schmiederail wird das Ausgangsteil für die mechanische Bearbeitung aus einem Stangenmaterial durch einen Schmiedevorgang hergestellt. Die Innengeomtrie und die Railschnittstellen des Railkörpers werden durch Tieflochbohr-, Bohr- und Fräsprozesse hergestellt. Anschließend wird eine korrosionsbeständige Oberfläche aufgebracht. Als letzte Arbeitsschritte werden die Anbaukomponenten montiert und deren Funktion geprüft.

Mit dem Schmiedeprozess sind bei der Formgestaltung der Außengeometrie mehr Möglichkeiten gegeben als bei einem Schweißrail. Ein Vorteil ist die Möglichkeit, die Außengeometrie hinsichtlich Gewichtsoptimierung zu gestalten. Das Schmiederail wird in Serie bis 2200 bar eingesetzt, eine weitere Drucksteigerung für die nächsten Generationen ist geplant.

Bild 1

1. Kraftstoffrücklauf (Niederdruck)
2. Hochdruckanschlüsse Injektoren
3. Hochdruckanschluss zur Hochdruckpumpe (ein oder zwei Anschlüsse)
4. Raildrucksensor
5. Druckbegrenzungsventil
6. Railkörper
7. Drossel (eingepresst, optional)
8. Montagelasche (Motorbefestigung)

1 Konstruktive Ausführung eines Rails mit Druckbegrenzungsventil

Niederdruck,
Hochdruck.

1 2 2 3 2 2 4

5 6 7 8

SMK2130Y

Hochdrucksensoren

Anwendung

Hochdrucksensoren werden im Kraftfahrzeug zur Druckmessung von Kraftstoffen und von Bremsflüssigkeit angewandt:

Diesel-Raildrucksensor

Der Diesel-Raildrucksensor misst den Druck im Kraftstoffverteilerrohr (Rail) des Diesel-Speichereinspritzsystems Common Rail. Der maximale Arbeitsdruck (Nenndruck) p_{max} liegt bei 200 MPa (2000 bar). Der Kraftstoffdruck wird in einem Regelkreis geregelt. Er ist unabhängig von Last und Drehzahl annähernd konstant. Eventuelle Abweichungen vom Sollwert werden über ein Druckregelventil ausgeglichen.

Benzin-Raildrucksensor

Der Benzin-Raildrucksensor misst den Druck im Kraftstoffverteilerrohr (Rail) der DI-Motronic mit Benzin-Direkteinspritzung, der abhängig von Last und Drehzahl 5...20 MPa (50...200 bar) beträgt. Der gemessene Druck geht als Istgröße in die Raildruckregelung ein. Der drehzahl- und lastabhängige Sollwert ist in einem Kennfeld gespeichert und wird mit einem Drucksteuerventil im Rail eingestellt.

Bremsflüssigkeits-Drucksensor

Der Hochdrucksensor misst den Bremsflüssigkeitsdruck im Hydroaggregat von Fahrsicherheitssystemen (z. B. ESP), der in der Regel 25 MPa (250 bar) beträgt. Die maximalen Druckwerte p_{max} können bis auf 35 MPa (350 bar) ansteigen. Die Druckmessung und -überwachung wird vom Steuergerät ausgelöst und über Rückmeldungen dort ausgewertet.

Aufbau und Arbeitsweise

Den Kern des Sensors bildet eine Stahlmembran, auf der Dehnwiderstände in Brückenschaltung aufgedampft sind (Bild 1, Pos. 3). Der Messbereich des Sensors hängt von der Dicke der Membran ab (dickere Membran bei höheren Drücken,

dünnere Membran bei geringeren Drücken). Sobald der zu messende Druck über den Druckanschluss (4) auf die eine Seite der Membran wirkt, ändern die Dehnwiderstände auf Grund der Membrandurchbiegung (ca. 20 µm bei 1500 bar) ihren Widerstandswert.

Die von der Brücke erzeugte Ausgangsspannung von 0...80 mV wird über Verbindungsleitungen zu einer Auswerteschaltung (2) im Sensor geleitet. Sie verstärkt das Brückensignal auf 0...5 V und leitet es dem Steuergerät zu, das daraus mithilfe einer dort gespeicherten Kennlinie (Bild 2) den Druck berechnet.

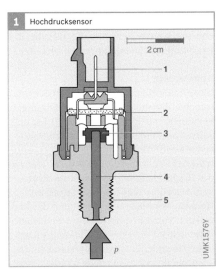

1 Hochdrucksensor

2 cm

Bild 1
1 Elektrischer Anschluss (Stecker)
2 Auswerteschaltung
3 Stahlmembran mit Dehnwiderständen
4 Druckanschluss
5 Befestigungsgewinde

p

UMK1576Y

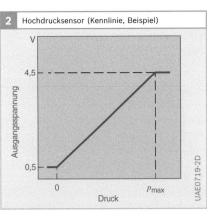

2 Hochdrucksensor (Kennlinie, Beispiel)

V

4,5

Ausgangsspannung

0,5

0   p_{max}

Druck

UAE0719-2D

Druckregelventil

Aufgabe

Das Druckregelventil hat die Aufgabe, den Druck im Rail abhängig vom Lastzustand des Motors einzustellen und zu halten:

▶ Es öffnet bei zu hohem Druck im Rail, sodass ein Teil des Kraftstoffs aus dem Rail über eine Sammelleitung zurück zum Kraftstoffbehälter gelangt.

▶ Es schließt bei zu niedrigem Druck im Rail und dichtet so die Hochdruckseite gegen die Niederdruckseite ab.

Aufbau

Das Druckregelventil (Bild 1) hat einen Befestigungsflansch zum Anflanschen an der Hochdruckpumpe oder am Rail. Der Anker (3) drückt die Ventilkugel (6) in den Dichtsitz, um die Hochdruckseite gegen die Niederdruckseite abzudichten: dazu drückt zum einen eine Ventilfeder (2) den Anker nach unten, zum anderen übt ein Elektromagnet (5) eine Kraft auf den Anker aus.

Zur Schmierung und zur Wärmeabfuhr wird der gesamte Anker mit Kraftstoff umspült.

Arbeitsweise

Das Druckregelventil hat zwei Regelkreise:

▶ einen langsameren elektrischen Regelkreis zum Einstellen eines variablen mittleren Druckwertes im Rail und

▶ einen schnelleren mechanisch-hydraulischen Regelkreis, der hochfrequente Druckschwingungen ausgleicht.

Druckregelventil nicht angesteuert

Der Hochdruck liegt über den Hochdruckzulauf am Druckregelventil an. Da der stromlose Elektromagnet keine Kraft ausübt, überwiegt die Hochdruckkraft gegenüber der Federkraft, sodass das Druckregelventil öffnet und je nach Fördermenge mehr oder weniger geöffnet bleibt. Die Feder ist so ausgelegt, dass sich ein Druck von ca. 100 bar einstellt.

Druckregelventil angesteuert

Wenn der Druck im Hochdruckkreis erhöht werden soll, muss zusätzlich zur Federkraft die magnetische Kraft aufgebaut werden. Das Druckregelventil wird angesteuert und somit geschlossen, bis zwischen Hochdruckkraft einerseits und Magnet- und Federkraft andererseits ein Kräftegleichgewicht erreicht ist. Dann bleibt es in einer geöffneten Stellung und hält den Druck konstant. Eine veränderte Fördermenge der Hochdruckpumpe sowie die Entnahme von Kraftstoff aus dem Hochdruckteil der Injektoren gleicht es durch unterschiedliche Öffnung aus. Die magnetische Kraft des Elektromagneten ist proportional zum Ansteuerstrom. Die Variation des Ansteuerstroms wird durch Puls-Weiten-Modulation (Takten) realisiert. Die Taktfrequenz ist mit 1 kHz ausreichend hoch, um störende Ankerbewegungen bzw. Druckschwankungen im Rail zu vermeiden.

Ausführungen

Für den Einsatz in Common Rail Systemen der 1. Generation findet das Druckregelventil DRV1 Verwendung. CR-Systeme der 2. und 3. Generation arbeiten nach dem

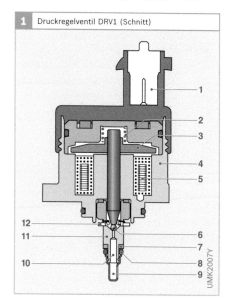

1 Druckregelventil DRV1 (Schnitt)

UMK2007Y

Bild 1

1 Elektrischer
   Anschluss
2 Ventilfeder
3 Anker
4 Ventilgehäuse
5 Magnetspule
6 Ventilkugel
7 Stützring
8 O-Ring
9 Filter
10 Hochdruckzulauf
11 Ventilkörper
12 Ablauf zum Nieder-
   druckkreis

Zweistellerkonzept, bei dem der Raildruck zum einen über die Zumesseinheit, zum andern aber auch über das Druckregelventil eingestellt wird. In diesem Fall kommt das Druckregelventil DRV2 oder die druckgesteigerte Variante DRV3 zum Einsatz. Durch diese Reglerstrategie erreicht man eine geringere Kraftstofferwärmung und kann auf eine Kraftstoffkühlung verzichten.

Das DRV2/3 (Bild 2) unterscheidet sich gegenüber dem DRV1 in folgenden Punkten:
▶ harte Abdichtung der Hochdruck-schnittstelle (Beißkante),
▶ optimierter Magnetkreis (geringerer Strombedarf),
▶ flexibles Montagekonzept (freie Stecker-orientierung).

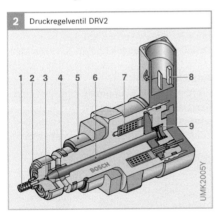

2 Druckregelventil DRV2

1 2 3 4 5 6 7 8

9

BOSCH

UMK2005Y

Druckbegrenzungsventil

Aufgabe
Die Aufgabe des Druckbegrenzungsventils entspricht dem eines Überdruckventils, wobei bei der neuesten Version des internen Druckbegrenzungsventils eine Notfahrtfunktion integriert worden ist. Das Druckbegrenzungsventil begrenzt den Druck im Rail, indem es bei zu hoher Beanspruchung eine Ablaufbohrung freigibt. Durch die Notfahrtfunktion wird nun gewährleistet, dass ein gewisser Druck im Rail erhalten bleibt und somit eine eingeschränkte Weiterfahrt möglich ist.

Aufbau und Arbeitsweise
Beim Druckbegrenzungsventil (Bild 3) handelt es sich um eine mechanisch arbeitende Komponente. Es besteht aus folgenden Bauteilen:
▶ einem Gehäuse mit Außengewinde zum Anschrauben an das Rail,
▶ einem Anschluss an die Rücklaufleitung zum Kraftstoffbehälter (3),
▶ einem beweglichen Kolben (2) und
▶ einer Druckfeder (5).

Das Gehäuse hat auf der Anschlussseite zum Rail eine Bohrung, die durch das kegelförmige Ende des Kolbens am Dichtsitz im Gehäuseinnern verschlossen wird.

Bild 2
1 Filter
2 Beißkante
3 Ventilkugel
4 O-Ring
5 Überwurfschraube mit Sprengring
6 Anker
7 Magnetspule
8 elektrischer Anschluss
9 Ventilfeder

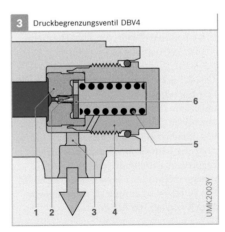

3 Druckbegrenzungsventil DBV4

6

5

1 2 3 4

UMK2003Y

Bild 3
1 Ventileinsatz
2 Ventilkolben
3 Niederdruckbereich
4 Ventilträger
5 Druckfeder
6 Tellerscheibe

Eine Feder drückt bei normalem Betriebsdruck den Kolben dicht in den Sitz, sodass das Rail geschlossen bleibt. Erst beim Überschreiten des maximalen Systemdrucks wird der Kolben durch den Druck im Rail gegen die Feder aufgedrückt, und der unter Hochdruck stehende Kraftstoff kann entweichen. Hierbei wird der Kraftstoff durch Kanäle in eine zentrische Bohrung des Kolbens geleitet und über die Sammelleitung zum Kraftstoffbehälter zurückgeführt. Mit dem Öffnen des Ventils entweicht Kraftstoff aus dem Rail; eine Druckreduzierung im Rail ist die Folge.

Systemübersicht der Einzelzylinder-Systeme

Dieselmotoren mit Einzelzylinder-Systemen haben für jeden Motorzylinder eine Einspritzeinheit. Diese Einspritzeinheiten lassen sich gut an den entsprechenden Motor anpassen. Die kurzen Einspritzleitungen ermöglichen ein besonders gutes Einspritzverhalten und die höchsten Einspritzdrücke.

Ständig steigende Anforderungen haben zur Entwicklung verschiedener Dieseleinspritzsysteme geführt, die auf die jeweiligen Erfordernisse abgestimmt sind. Moderne Dieselmotoren sollen schadstoffarm und wirtschaftlich arbeiten, hohe Leistungen und hohe Drehmomente erreichen und dabei leise sein.

Grundsätzlich werden bei Einzelzylinder-Systemen drei verschiedene Bauarten unterschieden: die kantengesteuerten Einzeleinspritzpumpen PF und die magnetventilgesteuerten Unit Injector und Unit Pump Systeme. Diese Bauarten unterscheiden sich nicht nur in ihrem Aufbau, sondern auch in ihren Leistungsdaten und ihren Anwendungsgebieten (Bild 1).

Einzeleinspritzpumpen PF

Anwendung
Die Einzeleinspritzpumpen PF sind besonders wartungsfreundlich. Sie werden im „Off Highway"-Bereich eingesetzt:
▶ Einspritzpumpen für Dieselmotoren von 4…75 kW/Zylinder für kleine Baumaschinen, Pumpen, Traktoren und Stromaggregate und
▶ Einspritzpumpen für Großmotoren ab 75 kW/Zylinder bis zu einer Zylinderleistung von 1000 kW. Diese Pumpen ermöglichen die Förderung von Dieselkraftstoff und von Schweröl mit hoher Viskosität.

Aufbau und Arbeitsweise
Die Einzeleinspritzpumpen PF haben die gleiche Arbeitsweise wie die Reiheneinspritzpumpen PE. Sie haben ein Pumpenelement, bei dem die Einspritzmenge über eine Steuerkante verändert werden kann.

Die Einzeleinspritzpumpen werden mit je einem Flansch am Motor befestigt und von der Nockenwelle für die Ventilsteuerung des Motors angetrieben. Daher leitet sich die Bezeichnung Pumpe mit

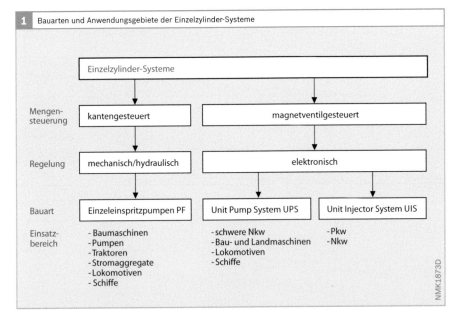

1   Bauarten und Anwendungsgebiete der Einzelzylinder-Systeme

Fremdantrieb PF ab. Sie werden auch Steck-
pumpen genannt.

Kleine PF-Einspritzpumpen gibt es auch in
2-, 3- und 4-Zylinder-Versionen. Die übliche
Bauweise ist jedoch die Einzylinder-Ver-
sion, die als Einzeleinspritzpumpe bezeichnet wird.

Regelung
Wie bei den Reiheneinspritzpumpen greift
eine im Motor integrierte Regelstange in
das Pumpenelement der Einspritzpumpen
ein. Ein Regler verschiebt die Regelstange
und verändert so die Förder- bzw. Einspritzmenge.

    Bei Großmotoren ist der Regler unmittel-
bar am Motorgehäuse befestigt. Dabei finden mechanisch-hydraulische, elektronische oder seltener rein mechanische Regler
Verwendung.

    Zwischen die Regelstange der Einzel-
einspritzpumpen und das Übertragungs-
gestänge zum Regler ist bei großen PF-
Pumpen ein federndes Zwischenglied
geschaltet, sodass die Regelung der übrigen
Pumpen bei einem eventuellen Blockieren

des Verstellmechanismus einer einzelnen
Pumpe gewährleistet bleibt.

Kraftstoffversorgung
Der Kraftstoff wird durch eine Zahnrad-
Vorförderpumpe den Einzeleinspritzpumpen zugeführt. Diese fördert eine etwa
3...5-mal so große Menge Kraftstoff wie die
maximale Volllastfördermenge aller Einspritzpumpen. Der Kraftstoffdruck beträgt
etwa 3...10 bar.

Eine Filterung des Kraftstoffs durch Feinfilter mit Porengrößen von 5...30 μm hält
Partikel vom Einspritzsystem fern. Diese
könnten sonst zu einem vorzeitigen Verschleiß der hochpräzisen Bauteile des Einspritzsystems führen.

Einsatz im Common Rail System
Einzeleinspritzpumpen werden auch als
Hochdruckpumpen für Common Rail Sys-
teme der 2. und 3. Generation für Truck-
und Off-Highway-Applikationen verwendet
und weiterentwickelt. Bild 2 zeigt den
Einsatz der PF 45 in einem Common Rail
System für einen Sechzylinder-Motor.

---

2   PF 45 in Common Rail System

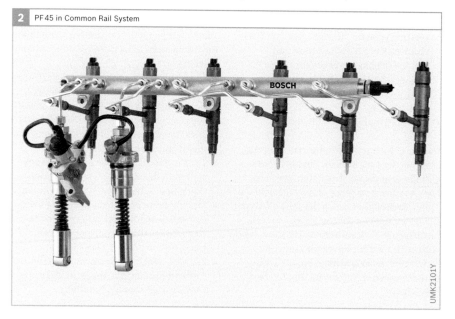

UMK2101Y

Unit Injector System UIS und Unit Pump System UPS

Die Einspritzsysteme Unit Injector System UIS und Unit Pump System UPS erreichen im Vergleich zu den anderen Dieseleinspritzsystemen derzeit die höchsten Einspritzdrücke. Sie ermöglichen eine präzise Einspritzung, die optimal an den jeweiligen Betriebszustand des Motors angepasst werden kann. Damit ausgerüstete Dieselmotoren arbeiten schadstoffarm, wirtschaftlich und leise und erreichen dabei eine hohe Leistung und ein hohes Drehmoment.

Anwendungsgebiete

Unit Injector System UIS

Das Unit Injector System (auch Pumpe-Düse-Einheit PDE genannt) ging 1994 für Nkw und 1998 für Pkw in Serie. Es ist ein Einspritzsystem mit zeitgesteuerten Einzeleinspritzpumpen für Motoren mit Diesel-Direkteinspritzung (DI). Dieses System bietet eine deutlich höhere Flexibilität zur Anpassung des Einspritzsystems an den Motor als konventionelle kantengesteuerte Systeme. Es deckt ein weites Spektrum moderner Dieselmotoren für Pkw und Nkw ab:

▶ *Pkw* und *leichte Nkw:* Einsatzbereiche von Dreizylinder-Motoren mit 1,2 *l* Hubraum, 45 kW (61 PS) Leistung und 195 Nm Drehmoment bis hin zu 10-Zylinder-Motoren mit 5 *l* Hubraum, 230 kW (312 PS) Leistung und 750 Nm Drehmoment.
▶ *Schwere Nkw* bis 80 kW/Zylinder.

Da keine Hochdruckleitungen notwendig sind, hat der Unit Injector ein besonders gutes hydraulisches Verhalten. Deshalb lassen sich mit diesem System die höchsten Einspritzdrücke erzielen (bis zu 2200 bar). Beim Unit Injector System für Pkw ist eine mechanisch-hydraulische Voreinspritzung realisiert. Das Unit Injector System für Nkw bietet die Möglichkeit einer Voreinspritzung im unteren Drehzahl- und Lastbereich.

Unit Pump System UPS

Das Unit Pump System wird auch Pumpe-Leitung-Düse PLD genannt. Auch die Bezeichnung PF..MV wurde bei Großmotoren verwendet.

Das Unit Pump System ist wie das Unit Injector System ein Einspritzsystem mit zeitgesteuerten Einzeleinspritzpumpen für Motoren mit Diesel-Direkteinspritzung (DI). Es wird in folgenden Bauformen eingesetzt:

▶ UPS 12 für Nkw-Motoren mit bis zu 6 Zylindern und 37 kW/Zylinder,
▶ UPS 20 für schwere Nkw-Motoren mit bis zu 8 Zylindern und 65 kW/Zylinder,
▶ SP (Steckpumpe) für schwere Nkw-Motoren mit bis zu 18 Zylindern und 92 kW/Zylinder,
▶ SPS (Steckpumpe small) für Nkw-Motoren mit bis zu 6 Zylindern und 40 kW/Zylinder,
▶ UPS für Motoren in Bau- und Landmaschinen, Lokomotiven und Schiffen im Leistungsbereich bis 500 kW/Zylinder und bis zu 20 Zylindern.

Aufbau

Systembereiche

Das Unit Injector System und das Unit Pump System bestehen aus vier Systembereichen (Bild 3):

▶ Die *Elektronische Dieselregelung EDC* mit den Systemblöcken Sensoren, Steuergerät und Stellglieder (Aktoren) umfasst die gesamte Steuerung und Regelung des Dieselmotors sowie alle elektrischen und elektronischen Schnittstellen.
▶ Die *Kraftstoffversorgung* (Niederdruckteil) stellt den Kraftstoff mit dem notwendigen Druck und Reinheit zur Verfügung.
▶ Der *Hochdruckteil* erzeugt den erforderlichen Einspritzdruck und spritzt den Kraftstoff in den Brennraum des Motors ein.
▶ Die *Luft- und Abgassysteme* umfassen die Luftversorgung, die Abgasrückführung und die Abgasnachbehandlung.

Unterschiede

Der wesentliche Unterschied zwischen dem Unit Injector System und dem Unit Pump System besteht im motorischen Aufbau (Bild 4).

Beim *Unit Injector System* bilden Hochdruckpumpe und Einspritzdüse eine Einheit – den „Unit Injector". Für jeden Motorzylinder ist ein Injektor in den Zylinder eingebaut. Da keine Einspritzleitungen vorhanden sind, können sehr hohe Einspritz-

drücke und ein sehr guter Einspritzverlauf erreicht werden.

Beim *Unit Pump System* sind die Hochdruckpumpe – die „Unit Pump" – und die Düsenhalterkombination getrennte Baugruppen, die durch eine kurze Hochdruckleitung miteinander verbunden sind. Dadurch ergeben sich Vorteile bei der Anordnung im Motorraum, beim Pumpenantrieb und beim Kundendienst.

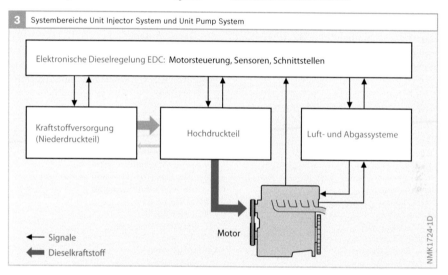

3 Systembereiche Unit Injector System und Unit Pump System

NMK1724-1D

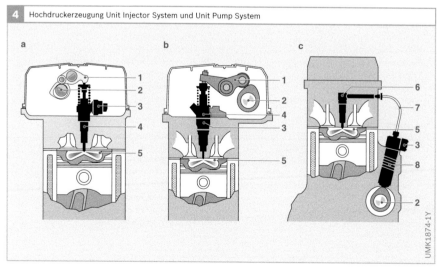

4 Hochdruckerzeugung Unit Injector System und Unit Pump System

UMK1874-1Y

Bild 4
a Unit Injector System für Pkw
b Unit Injector System für Nkw
c Unit Pump System für Nkw

1 Kipphebel
2 Nockenwelle
3 Hochdruckmagnetventil
4 Unit Injector
5 Brennraum des Motors
6 Düsenhalterkombination
7 kurze Hochdruckleitung
8 Unit Pump

Systembild UIS für Pkw

Bild 5 zeigt alle Komponenten eines Unit Injector Systems für einen Zehnzylinder-Pkw-Dieselmotor mit Vollausstattung. Je nach Fahrzeugtyp und Einsatzart kommen einzelne Komponenten nicht zur Anwendung.

Um eine übersichtlichere Darstellung zu erhalten, sind die Sensoren und Sollwertgeber (A) nicht an ihrem Einbauort dargestellt. Ausnahme bilden die Komponenten der Abgasnachbehandlung (F), da ihre Einbauposition zum Verständnis der Anlage notwendig ist.

Über den CAN-Bus im Bereich „Schnittstellen" (B) ist der Datenaustausch zu den verschiedensten Bereichen möglich:
▶ Starter,
▶ Generator,
▶ elektronische Wegfahrsperre,
▶ Getriebesteuerung,
▶ Antriebsschlupfregelung ASR und
▶ Elektronisches Stabilitäts-Programm ESP.

Auch das Kombiinstrument (12) und die Klimaanlage (13) können über den CAN-Bus angeschlossen sein.

Für die Abgasnachbehandlung werden drei mögliche Kombinationssysteme aufgeführt (a, b oder c).

Bild 5

Motor, Motorsteuerung und Hochdruck-Einspritzkomponenten
24 Verteilerrohr
25 Nockenwelle
26 Unit Injector
27 Glühstiftkerze
28 Dieselmotor (DI)
29 Motorsteuergerät (Master)
30 Motorsteuergerät (Slave)
M Drehmoment

A Sensoren und Sollwertgeber
1 Fahrpedalsensor
2 Kupplungsschalter
3 Bremskontakte (2)
4 Bedienteil für Fahrgeschwindigkeitsregler
5 Glüh-Start-Schalter („Zündschloss")
6 Fahrgeschwindigkeitssensor
7 Kurbelwellendrehzahlsensor (induktiv)
8 Motortemperatursensor (im Kühlmittelkreislauf)
9 Ansauglufttemperatursensor
10 Ladedrucksensor
11 Heißfilm-Luftmassenmesser (Ansaugluft)

B Schnittstellen
12 Kombiinstrument mit Signalausgabe für Kraftstoffverbrauch, Drehzahl usw.
13 Klimakompressor mit Bedienteil
14 Diagnoseschnittstelle
15 Glühzeitsteuergerät
CAN Controller Area Network
(serieller Datenbus im Kraftfahrzeug)

C Kraftstoffversorgung (Niederdruckteil)
16 Kraftstofffilter mit Überströmventil
17 Kraftstoffbehälter mit Vorfilter und Elektrokraftstoffpumpe EKP (Vorförderpumpe)
18 Füllstandsensor
19 Kraftstoffkühler
20 Druckbegrenzungsventil

D Additivsystem
21 Additivdosiereinheit
22 Additivtank

E Luftversorgung
31 Abgasrückführkühler
32 Ladedrucksteller
33 Abgasturbolader (hier mit variabler Turbinengeometrie VTG)
34 Saugrohrklappe
35 Abgasrückführsteller
36 Unterdruckpumpe

F Abgasnachbehandlung
38 Breitband-Lambda-Sonde LSU
39 Abgastemperatursensor
40 Oxidationskatalysator
41 Partikelfilter
42 Differenzdrucksensor
43 NO_x-Speicherkatalysator
44 Breitband-Lambda-Sonde, optional NO_x-Sensor

5 Diesel-Einspritzanlage für Pkw mit Unit Injector System

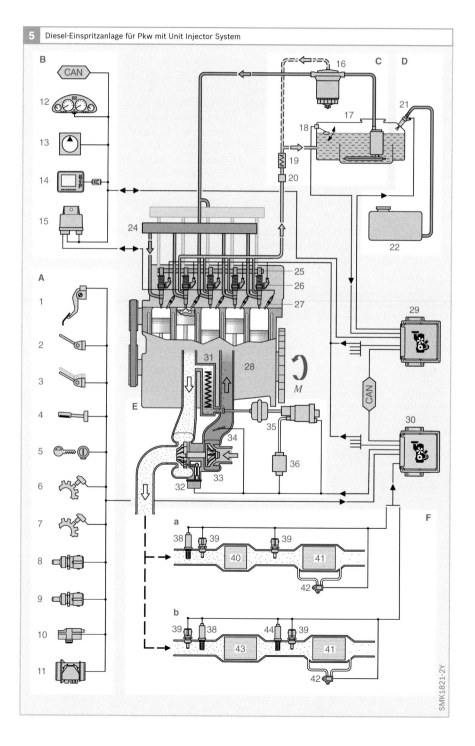

SMK1821-2Y

Systembild UIS/UPS für Nkw

Bild 6 zeigt alle Komponenten eines Unit Injector Systems für einen Sechszylinder-Nkw-Dieselmotor. Je nach Fahrzeugtyp und Einsatzart kommen einzelne Komponenten nicht zur Anwendung.

Die Bereiche der Elektronischen Dieselregelung EDC (Sensoren, Schnittstellen und Motorsteuerung), Kraftstoffversorgung, Luftversorgung und Abgasnachbehandlung sind beim Unit Injector und Unit Pump System sehr ähnlich. Sie unterscheiden sich lediglich im Hochdruckteil.

Um eine übersichtlichere Darstellung zu erhalten, sind nur die Sensoren und Sollwertgeber an ihrem Einbauort dargestellt,

deren Einbauposition zum Verständnis der Anlage notwendig ist.

Über den CAN-Bus im Bereich „Schnittstellen" (B) ist der Datenaustausch zu den verschiedensten Bereichen möglich (z. B. Getriebesteuerung, Antriebsschlupfregelung ASR, Elektronisches Stabilitätsprogramm ESP, Ölgütesensor, Fahrtschreiber, Abstandsradar, Fahrzeugmanagement, Bremskoordinator, Flottenmanagement – bis zu 30 Steuergeräte). Auch der Generator (18) und die Klimaanlage (17) können über den CAN-Bus angeschlossen sein.

Für die Abgasnachbehandlung werden drei mögliche Kombinationssysteme aufgeführt (a, b oder c).

Bild 6
Motor, Motorsteuerung und Hochdruck-Einspritzkomponenten
22 Unit Pump und Düsenhalterkombination
23 Unit Injector
24 Nockenwelle
25 Kipphebel
26 Motorsteuergerät
27 Relais
28 Zusatzaggregate (z. B. Retarder, Auspuffklappe für Motorbremse, Starter, Lüfter)
29 Dieselmotor (DI)
30 Flammkerze (alternativ Grid-Heater)
M Drehmoment

A   Sensoren und Sollwertgeber
1   Fahrpedalsensor
2   Kupplungsschalter
3   Bremskontakte (2)
4   Motorbremskontakt
5   Feststellbremskontakt
6   Bedienschalter (z. B. Fahrgeschwindigkeitsregler, Zwischendrehzahlregelung, Drehzahl- und Drehmomentreduktion)
7   Schlüssel-Start-Stopp („Zündschloss")
8   Turboladerdrehzahlsensor
9   Kurbelwellendrehzahlsensor (induktiv)
10   Nockenwellendrehzahlsensor
11   Kraftstofftemperatursensor
12   Motortemperatursensor (im Kühlmittelkreislauf)
13   Ladelufttemperatursensor
14   Ladedrucksensor
15   Lüfterdrehzahlsensor
16   Luftfilter-Differenzdrucksensor

B   Schnittstellen
17   Klimakompressor mit Bedienteil
18   Generator
19   Diagnoseschnittstelle

20   SCR-Steuergerät
21   Luftkompressor
CAN Controller Area Network (serieller Datenbus im Kraftfahrzeug) (bis zu 3 Busse)

C   Kraftstoffversorgung (Niederdruckteil)
31   Kraftstoffvorförderpumpe
32   Kraftstofffilter mit Wasserstands- und Drucksensoren
33   Steuergerätekühler
34   Kraftstoffbehälter mit Vorfilter
35   Füllstandsensor
36   Druckbegrenzungsventil

D   Luftversorgung
37   Abgasrückführkühler
38   Regelklappe
39   Abgasrückführsteller mit Abgasrückführventil und Positionssensor
40   Ladeluftkühler mit Bypass für Kaltstart
41   Abgasturbolader (hier VTG) mit Positionssensor
42   Ladedrucksteller

E   Abgasnachbehandlung
43   Abgastemperatursensor
44   Oxidationskatalysator
45   Differenzdrucksensor
46   katalytisch beschichteter Partikelfilter (CSF)
47   Rußsensor
48   Füllstandsensor
49   Reduktionsmitteltank
50   Reduktionsmittelförderpumpe
51   Reduktionsmitteldüse
52   NO_x-Sensor
53   SCR-Katalysator
54   NH_3-Sensor

6 Diesel-Einspritzanlage für Nkw mit Unit Injector System bzw. Unit Pump System

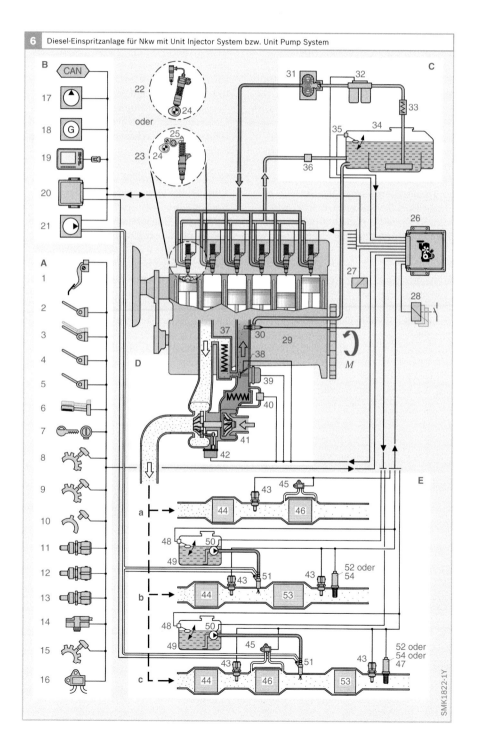

SMK1822-1Y

Unit Injector System UIS

Beim Unit Injector System (UIS) bilden Einspritzpumpe, Hochdruck-Magnetventil und Einspritzdüse eine Einheit. Das Unit Injector System wird daher auch Pumpe-Düse-Einheit (PDE) genannt. Die kompakte Bauweise – mit sehr kurzen, im Bauteil integrierten Hochdruckleitungen zwischen Pumpe und Einspritzdüse – erleichtert die Darstellung höherer Einspritzdrücke gegenüber anderen Einspritzsystemen, da das Schadvolumen [1] und damit die Kompressionsverluste geringer sind. Der Spitzendruck beim UIS variiert derzeit je nach Pumpentyp zwischen 1800 und 2200 bar.

[1] Das Schadvolumen ist das Kraftstoffvolumen, das verdichtet wird

Einbau und Antrieb

Je Motorzylinder ist ein Unit Injector direkt im Zylinderkopf eingebaut (Bild 1). Für Pkw gibt es zwei Ausführungen des Unit Injectors (UI-1, UI-2), die sich – bei gleicher Funktion – in ihrer Größe unterscheiden. Beim 2-Ventil-Motor wird der UI-1 mittels eines Spannklotzes mit einer Neigung von ca. 20° im Zylinderkopf des Motors fixiert. Beim 4-Ventil-Motor wird wegen des geringeren verfügbaren Bauraums der kleinere Injektor (UI-2) eingesetzt, der mit Dehnschrauben senkrecht im Zylinderkopf befestigt wird.

Die Motornockenwelle (2) hat für jeden Unit Injector einen Antriebsnocken. Der Nockenhub wird durch einen Kipphebel (1) auf den jeweiligen Pumpenkolben (6) übertragen. Der Einspritzverlauf wird durch die Form der Antriebsnocken beeinflusst. Diese sind so geformt, dass sich der Pumpenkolben beim Ansaugen des Kraftstoffs (Aufwärtsbewegung) langsamer bewegt als während der Einspritzung (Abwärtsbewegung), um einerseits ein unbeabsichtigtes Ansaugen von Luft zu verhindern und andererseits eine große Förderrate zu erreichen.

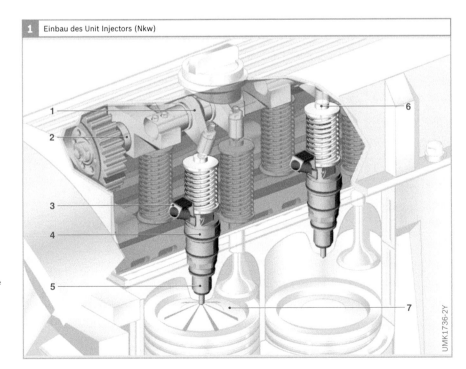

1 Einbau des Unit Injectors (Nkw)

UMK1736-2Y

Bild 1
1   Kipphebel
2   Motornockenwelle
3   Stecker
4   Unit Injector
5   Einspritzdüse
6   Pumpenkolben
7   Brennraum des Motors

Die im Betrieb an der Nockenwelle angreifenden Kräfte regen diese zu Drehschwingungen an, wodurch Einspritzcharakteristik und Dosierung der Einspritzmenge beeinträchtigt werden. Eine steife Auslegung des Antriebs der Einzelpumpen (Antrieb der Nockenwelle, Nockenwelle, Kipphebel, Kipphebellagerung) ist zur Reduzierung dieser Schwingungen zwingend notwendig.

Da der Unit Injector im Zylinderkopf eingebaut ist, ist er hohen Temperaturen ausgesetzt. Zur Kühlung durchspült relativ kühler Kraftstoff den Injektor und fließt zum Niederdruckteil zurück.

Aufbau

Der Kraftstoffzulauf erfolgt beim UI für Pkw über rund 500 lasergebohrte Zulaufbohrungen in der Stahlhülse des Injektors. Durch die Bohrungen, die einen Durchmesser von weniger als 0,1 mm haben, wird der Kraftstoff im Zulauf gefiltert.

Der Körper des Unit Injectors dient als Pumpenzylinder. Die Einspritzdüse (Bild 2, Pos. 7) ist in den Schaft des Unit Injectors integriert. Schaft und Körper sind mittels einer Spannmutter (13) miteinander verbunden.

Die Rückstellfeder (1) drückt den Pumpenkolben gegen den Kipphebel (8) und diesen gegen den Antriebsnocken (9). Während des Betriebs wird dadurch ein ständiger Kontakt von Pumpenkolben, Kipphebel und Nocken gewährleistet.

Beim Unit Injector für Nkw ist das Magnetventil in den Injektor integriert. Beim UI für Pkw hingegen ist es aufgrund der kleineren Abmessungen des Injektors außen am Pumpenkörper angebracht.

Der Aufbau des Injektors für Pkw und Nkw ist auf den folgenden Seiten dargestellt.

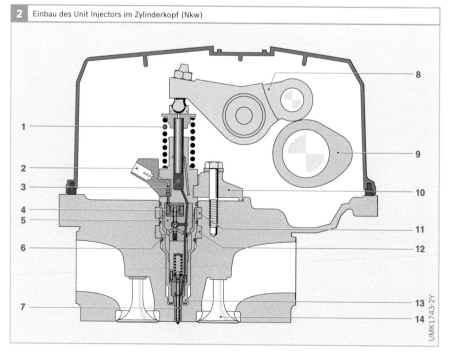

2   Einbau des Unit Injectors im Zylinderkopf (Nkw)

UMK1743-2Y

Bild 2

1 Rückstellfeder
2 Stecker
3 Hochdruckraum
  (Elementraum)
4 Magnetspule
5 Magnetventilkörper
6 Magnetventilnadel
7 Einspritzdüse
8 Kipphebel
9 Antriebsnocken
10 Spannelement
11 Kraftstoffrücklauf
12 Kraftstoffzulauf
13 Spannmutter
14 Gaswechselventil

3 Aufbau des Unit Injectors für Pkw (für Einsatz im 2-Ventil-Motor)

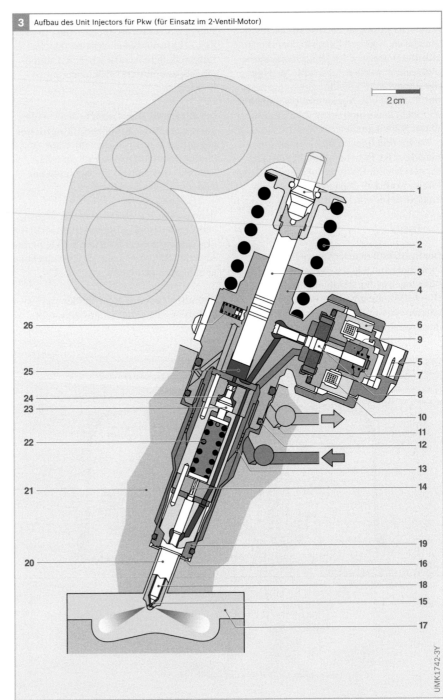

2 cm

Bild 3

 1 Kugelbolzen
 2 Rückstellfeder
 3 Pumpenkolben
 4 Pumpenkörper
 5 Stecker
 6 Magnetkern
 7 Ausgleichsfeder
 8 Magnetventilnadel
 9 Anker
10 Spule des Elektro-
    magneten
11 Kraftstoffrücklauf
12 Dichtung
13 Zulaufbohrungen
    (lasergebohrte
    Löcher als Filter)
14 hydraulischer An-
    schlag (Dämpfungs-
    einheit)
15 Nadelsitz
16 Dichtscheibe
17 Brennraum
    des Motors
18 Düsennadel
19 Spannmutter
20 integrierte Ein-
    spritzdüse
21 Zylinderkopf
    des Motors
22 Druckfeder
    (Düsenfeder)
23 Speicherkolben
    (Ausweichkolben)
24 Speicherraum
25 Hochdruckraum
    (Elementraum)
26 Magnetventilfeder

Beim 4-Ventil-Motor
steht der Unit Injector
senkrecht im Zylinder-
kopf.

UMK1742-3Y

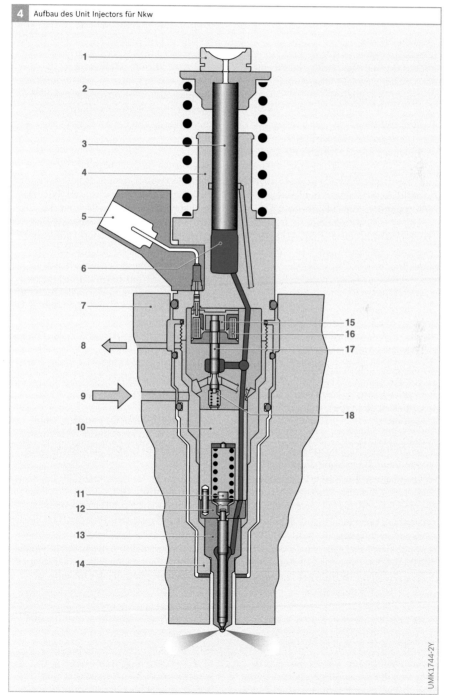

4 Aufbau des Unit Injectors für Nkw

Bild 4

1 Gleitscheibe
2 Rückstellfeder
3 Pumpenkolben
4 Pumpenkörper
5 Stecker
6 Hochdruckraum
   (Elementraum)
7 Zylinderkopf
   des Motors
8 Kraftstoffrücklauf
9 Kraftstoffzulauf
10 Federhalter
11 Druckbolzen
12 Zwischenscheibe
13 integrierte
    Einspritzdüse
14 Spannmutter
15 Anker
16 Spule des
    Elektromagneten
17 Magnetventilnadel
18 Magnetventilfeder

UMK1744-2Y

Arbeitsweise des UI für Pkw

Voreinspritzung

Beim UI für Pkw wird durch einen Speicherkolben und eine Dämpfungseinheit eine mechanisch-hydraulisch gesteuerte Voreinspritzung realisiert.

Saughub (Bild 5a)

Der Pumpenkolben (4) wird beim Drehen des Antriebsnockens (3) über die Rückstellfeder nach oben bewegt. Der unter ständigem Überdruck stehende Kraftstoff fließt aus dem Niederdruckteil der Kraftstoffversorgung über die Zulaufbohrung (1) in den Injektor. Das Magnetventil ist geöffnet. Über den geöffneten Magnetventilsitz (11) gelangt der Kraftstoff in den Hochdruckraum (5).

Vorhub (Bild 5b)

Der Pumpenkolben bewegt sich durch die Drehung des Antriebsnockens nach unten. Das Magnetventil ist geöffnet, und der Kraftstoff wird durch den Pumpenkolben in den Niederdruckteil der Kraftstoffversorgung zurückgedrückt (2). Mit dem zurückfließenden Kraftstoff wird auch Wärme aus dem Injektor abgeführt, d. h. der Injektor wird gekühlt.

Förderhub und Einspritzung

Das Steuergerät bestromt die Spule des Elektromagneten zu einem bestimmten Zeitpunkt, sodass die Magnetventilnadel in den Magnetventilsitz (11) gedrückt und die Verbindung zwischen Hochdruckraum und Niederdruckteil verschlossen wird. Dieser Zeitpunkt wird als *Begin of Injection Period* (BIP) bezeichnet; er entspricht jedoch nicht dem tatsächlichen Beginn der Einspritzung, sondern dem Förderbeginn.

Beginn der Voreinspritzung (Bild 5c)

Der Kraftstoffdruck im Hochdruckraum steigt durch die Volumenverdrängung des Pumpenkolbens an. Für die Voreinspritzung liegt der Düsenöffnungsdruck bei ca. 180 bar. Bei Erreichen dieses Drucks wird die Düsennadel (9) angehoben und die Voreinspritzung beginnt. In dieser Phase wird der Hub der Düsennadel durch eine Dämpfungseinheit hydraulisch begrenzt (siehe Abschnitt „Düsennadeldämpfung").

Der Speicherkolben (6) bleibt zunächst in seinem Sitz, denn die Düsennadel öffnet wegen ihrer größeren hydraulisch wirksamen Fläche, auf die der Druck einwirkt, zuerst.

Ende der Voreinspritzung (Bild 5d)

Durch den weiter ansteigenden Druck wird der Speicherkolben nach unten gedrückt und hebt nun auch aus seinem Sitz ab. Eine Verbindung zwischen Hochdruckraum (5) und Speicherraum (7) wird hergestellt. Der dadurch verursachte Druckabfall im Hochdruckraum, der erhöhte Druck im Speicherraum und die gleichzeitige Erhöhung der Vorspannung der Druckfeder (8) bewirken, dass die Düsennadel schließt. Die Voreinspritzung ist beendet. Der Speicherkolben kehrt im Gegensatz zur Düsennadel nicht in seine Ausgangsposition zurück, da er dem Kraftstoffdruck im geöffneten Zustand eine größere Angriffsfläche bietet als die Düsennadel.

Die Voreinspritzmenge von ca. 1,5 mm^3 wird im Wesentlichen durch den Öffnungsdruck und den Hub des Speicherkolbens bestimmt.

Haupteinspritzung

Die Haupteinspritzung erfordert einen höheren Öffnungsdruck an der Düse als die Voreinspritzung. Dies hat zwei Ursachen: Zum einen wird durch die Auslenkung des Speicherkolbens während der Voreinspritzung die Vorspannung der Düsenfeder erhöht. Zum anderen muss durch das Ausweichen des Speicherkolbens Kraftstoff aus dem Federhalterraum über eine Drossel in den Niederdruckteil der Kraftstoffversorgung gedrängt werden, sodass der Kraftstoff im Federhalterraum stärker komprimiert wird (pressure backing). Das pressure-backing-Niveau ergibt sich aus

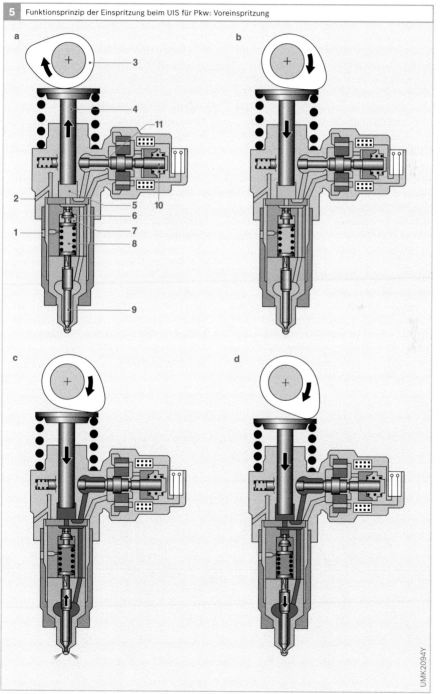

5 Funktionsprinzip der Einspritzung beim UIS für Pkw: Voreinspritzung

Bild 5

a   Saughub
b   Vorhub
c   Förderhub:
     Beginn der
     Voreinspritzung
d   Förderhub:
     Ende der
     Voreinspritzung

 1 Kraftstoffzulauf
 2 Kraftstoffrücklauf
 3 Antriebsnocken
 4 Pumpenkolben
 5 Hochdruckraum
    (Elementraum)
 6 Speicherkolben
 7 Speicherraum
 8 Federhalterraum
 9 Düsennadel
10 Magnetventilnadel
11 Magnetventilsitz

UMK2094Y

der Größe der Drossel im Federhalter und lässt sich somit variieren (kleine Drossel - große Druckzunahme - große Differenz des Düsenöffnungsdrucks für Vor- und Haupteinspritzung). Dadurch ist es möglich, einen sinnvollen Kompromiss zwischen einem niedrigen Öffnungsdruck der Voreinspritzung (aus Geräuschgründen) und einem möglichst hohen Öffnungsdruck der Haupteinspritzung speziell bei Teillast (emissionsreduzierend) zu erreichen.

Der zeitliche Abstand zwischen Vor- und Haupteinspritzung ist hauptsächlich durch den Hub des Speicherkolbens (der seinerseits die Vorspannung der Druckfeder bestimmt) und die Motordrehzahl festgelegt. Er beträgt ca. 0,2...0,6 ms.

Fortsetzung des Förderhubs (Bild 6a)
Beginn der Haupteinspritzung
Aufgrund der fortgesetzten Bewegung des Pumpenkolbens steigt der Druck im Hochdruckraum weiter an. Mit Erreichen des Düsenöffnungsdrucks von jetzt ca. 300 bar wird die Düsennadel angehoben und Kraftstoff in den Brennraum eingespritzt (tat-

sächlicher Spritzbeginn). Durch die hohe Förderrate des Pumpenkolbens steigt der Druck während des gesamten Einspritzvorgangs weiter an. In der Übergangsphase zwischen Förderhub und Resthub (s. u.) wird der maximale Druck erreicht.

Ende der Haupteinspritzung
Zum Beenden der Haupteinspritzung wird der Stromfluss durch die Spule des Elektromagneten abgeschaltet; das Magnetventil öffnet nach einer kurzen Verzögerungszeit und gibt die Verbindung zwischen Hochdruckraum und Niederdruckbereich frei. Der Druck bricht zusammen. Mit Unterschreiten des Düsenschließdrucks schließt die Einspritzdüse und beendet den Einspritzvorgang. Danach kehrt auch der Speicherkolben in seine Ausgangslage zurück.

Resthub (Bild 6b)
Der restliche Kraftstoff wird während der weiteren Abwärtsbewegung des Pumpenkolbens in den Niederdruckteil zurückgefördert. Dabei wird wieder Wärme aus dem Injektor abgeführt.

Bild 6
a Förderhub:
   Haupteinspritzung
b Resthub

1 Kraftstoffzulauf
2 Kraftstoffrücklauf
3 Antriebsnocken
4 Pumpenkolben
5 Hochdruckraum
   (Elementraum)
6 Speicherkolben
7 Speicherraum
8 Federhalterraum
9 Düsennadel
10 Magnetventilnadel
11 Magnetventilsitz

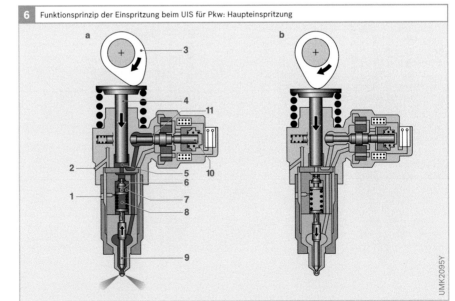

6 Funktionsprinzip der Einspritzung beim UIS für Pkw: Haupteinspritzung

UMK2095Y

Düsennadeldämpfung

Während der Voreinspritzung wird der Hub der Düsennadel durch eine Dämpfungseinheit hydraulisch begrenzt, um die geringe erforderliche Einspritzmenge genau dosieren zu können (siehe Abschnitt Voreinspritzung). Der Düsennadelhub wird dafür auf ca. ein Drittel des Gesamthubs der Haupteinspritzung begrenzt.

Die Dämpfungseinheit wird durch einen Dämpfungskolben gebildet, der sich oberhalb der Düsennadel befindet (Bild 7, Pos. 4). Die Düsennadel öffnet zunächst ungedämpft, bis der Dämpfungskolben (4) die Bohrung der Dämpfungsplatte (3)

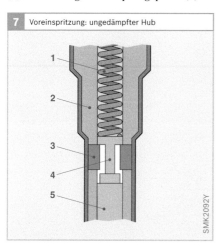

7 Voreinspritzung: ungedämpfter Hub

1
2
3
4
5

SMK2092Y

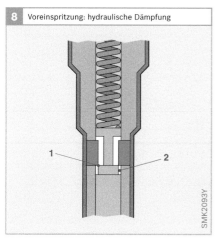

8 Voreinspritzung: hydraulische Dämpfung

1
2

SMK2093Y

erreicht. Der über der Düsennadel befindliche Kraftstoff bildet nun ein hydraulisches Polster (Bild 8, Pos. 2), da er nur über einen schmalen Leckspalt (1) in den Düsenfederraum gedrückt werden kann. Die weitere Aufwärtsbewegung der Düsennadel wird dadurch begrenzt.

Während der Haupteinspritzung ist die Wirkung der Düsennadeldämpfung vernachlässigbar gering, da aufgrund des höheren Druckniveaus viel größere Öffnungskräfte auf die Düsennadel wirken.

Eigensicherheit

Einzelpumpensysteme sind eigensicher, da im Fehlerfall maximal eine unkontrollierte Einspritzung erfolgen kann:
▶ Bleibt das Magnetventil geöffnet, kann nicht eingespritzt werden, da der Kraftstoff in den Niederdruckteil zurückfließt und kein Druck aufgebaut werden kann.
▶ Bei ständig geschlossenem Magnetventil kann kein Kraftstoff in den Hochdruckraum gelangen, da die Füllung des Hochdruckraums nur über den geöffneten Magnetventilsitz erfolgen kann. In diesem Fall kann höchstens einmal eingespritzt werden.

Arbeitsweise des UI für Nkw

Das Unit Injector System für Nkw (Bild 9) hat hinsichtlich der Haupteinspritzung prinzipiell die gleiche Funktionsweise wie das Pkw-System. Unterschiede bestehen bezüglich der Voreinspritzung: Das Unit Injector System für Nkw bietet im unteren Drehzahl- und Lastbereich die Möglichkeit einer elektronisch gesteuerten Voreinspritzung, die durch zweimaliges Ansteuern des Magnetventils realisiert wird.

Bild 7
1 Düsenfederraum
2 Federhalter
3 Dämpfungsplatte
4 Dämpfungskolben
5 Düsennadel

Bild 8
1 Leckspalt
2 hydraulisches Polster

9 Funktionsprinzip des Unit Injectors für Nkw und der Unit Pump

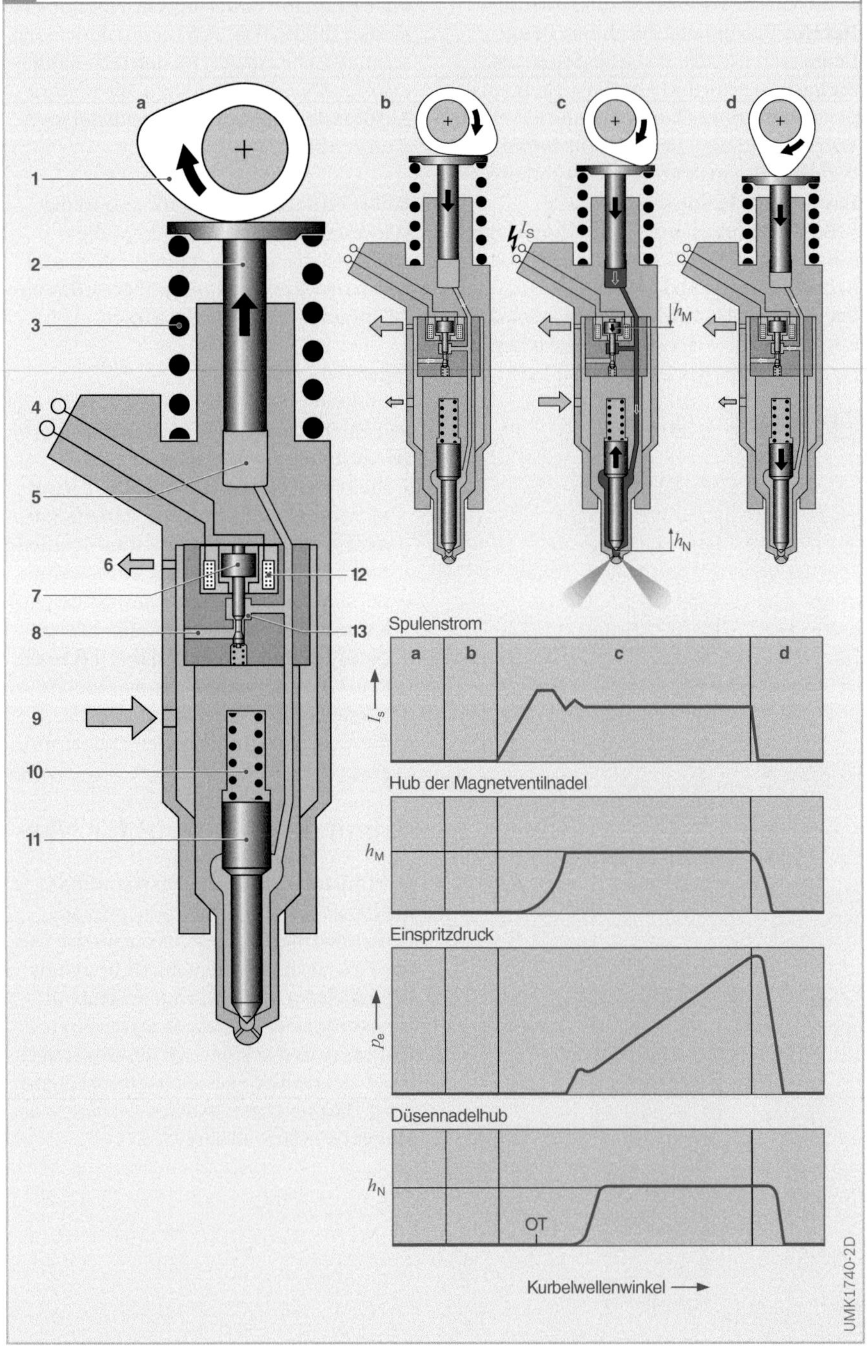

Bild 9

Betriebszustände:
a Saughub
b Vorhub
c Förderhub
d Resthub

1 Antriebsnocken
2 Pumpenkolben
3 Rückstellfeder
4 Stecker
5 Hochdruckraum
(Elementraum)
6 Kraftstoffrücklauf
7 Magnetventilnadel
8 Niederdruck-
bohrung
9 Kraftstoffzulauf
10 Düsenfeder
11 Düsennadel
12 Spule des
Elektromagneten
13 Magnetventilsitz

I_s Spulenstrom
h_M Hub der Magnet-
ventilnadel
p_e Einspritzdruck
h_N Düsennadelhub

Spulenstrom

Hub der Magnetventilnadel

Einspritzdruck

Düsennadelhub

OT

Kurbelwellenwinkel ⟶

UMK1740-2D

Hochdruckmagnetventil

Das Hochdruckmagnetventil steuert Druckaufbau, Einspritzzeitpunkt und Einspritzdauer.

Aufbau

Ventil

Das Ventil besteht aus der Ventilnadel (Bild 10, Pos. 2), dem Ventilkörper (12) und der Ventilfeder (1).

Die Dichtfläche des Ventilkörpers ist kegelig angeschliffen (10). Die Ventilnadel besitzt ebenfalls eine kegelige Dichtfläche (11). Der Winkel an der Nadel ist etwas größer als der des Ventilkörpers. Bei geschlossenem Ventil, wenn die Nadel gegen den Ventilkörper gedrückt wird, berühren sich Ventilkörper und Ventilnadel lediglich auf einer Linie, dem Ventilsitz. Durch diese Doppelkegeldichtung dichtet das Ventil sehr gut ab. Ventilnadel und Ventilkörper müssen durch Präzisionsbearbeitung sehr genau aufeinander abgestimmt sein.

Magnet

Der Magnet besteht aus dem festen Magnetjoch und dem beweglichen Anker (16). Das Magnetjoch seinerseits besteht aus Magnetkern (15), Spule (6) und der elektrischen Kontaktierung mit dem Stecker (8).

Der Anker ist an der Ventilnadel befestigt bzw. mit dieser kraftschlüssig verbunden. Zwischen Magnetjoch und Anker ist in der Ruhelage ein Ausgangs- oder Restluftspalt.

Arbeitsweise

Geöffnetes Ventil

Das Magnetventil ist geöffnet, solange es nicht angesteuert wird, d. h., wenn durch die Spule des Magneten kein Strom fließt. Die von der Ventilfeder auf die Ventilnadel ausgeübte Kraft drückt diese gegen den Anschlag. Hierdurch ist der Ventildurchflussquerschnitt (9) zwischen Ventilnadel und Ventilkörper im Bereich des Ventilsitzes geöffnet. Somit sind Hochdruck- (3) und Niederdruckbereich (4) der Pumpe miteinander verbunden. In dieser Ruhelage kann Kraftstoff von und zum Hochdruckraum fließen.

Geschlossenes Ventil

Wenn eine Einspritzung erfolgen soll, wird die Spule vom Steuergerät angesteuert. Der Anzugstrom erzeugt einen Magnetfluss in den Magnetkreisteilen (Magnetkern, Magnetscheibe und Anker). Dieser Magnet-

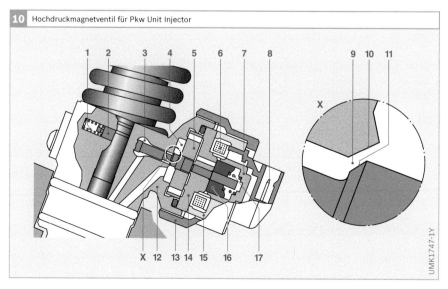

10 Hochdruckmagnetventil für Pkw Unit Injector

UMK1747-1Y

Bild 10
1 Ventilfeder
2 Ventilnadel
3 Hochdruckbereich
4 Niederdruck-
　bereich
5 Ausgleichsscheibe
6 Spule des
　Elektromagneten
7 Kapsel
8 Stecker
9 Ventildurchfluss-
　querschnitt
10 Dichtfläche
　des Ventilkörpers
11 Dichtfläche
　der Ventilnadel
12 integrierter
　Ventilkörper
13 Überwurfmutter
14 Magnetscheibe
15 Magnetkern
16 Anker
17 Ausgleichsfeder

fluss erzeugt eine magnetische Kraft, die den Anker in Richtung Magnetscheibe (14) anzieht und dabei die Ventilnadel in Richtung Ventilkörper mitbewegt. Der Anker wird so weit angezogen, bis sich Ventilnadel und Ventilkörper im Dichtsitz berühren und so das Ventil geschlossen ist. Zwischen Anker und Magnetscheibe bleibt ein Restluftspalt.

Die Magnetkraft muss nicht nur den Anker anziehen, sondern gleichzeitig die von der Ventilfeder ausgeübte Kraft überwinden und ihr entgegenhalten. Außerdem muss die Magnetkraft die Dichtflächen mit einer bestimmten Kraft aneinander drücken, um auch dem Druck aus dem Elementraum standzuhalten.

Bei geschlossenem Magnetventil wird während der Abwärtsbewegung des Pumpenkolbens Druck im Hochdruckraum aufgebaut und es kann eingespritzt werden. Wenn die Einspritzung beendet werden soll, wird der Strom durch die Spule abgeschaltet, der Magnetfluss und somit die Magnetkraft brechen zusammen. Die Federkraft drückt die Ventilnadel gegen den Anschlag in die Ruhelage. Der Ventilsitz ist geöffnet und der Druck im Hochdruckraum wird abgebaut.

Ansteuerung

Zum Schließen des Hochdruckmagnetventils wird dieses mit einem relativ hohen Anzugstrom (Bild 11, a) mit steil ansteigender Flanke angesteuert. Dies gewährleistet kurze Schaltzeiten des Magnetventils und eine genaue Dosierung der Einspritzmenge.

Bei geschlossenem Ventil kann der Anzugstrom auf einen Haltestrom (c) reduziert werden, um das Ventil geschlossen zu halten. So wird die Verlustleistung (Wärme) durch den Stromfluss reduziert. Der erforderliche Haltestrom ist umso kleiner, je näher sich der Anker an der Magnetscheibe befindet, da ein kleiner Abstand eine größere magnetische Kraft bedingt.

Zwischen Anzugstrom- und Haltstromphase wird kurzzeitig für die Erkennung des Magnetventil-Schließzeitpunkts mit konstanter Spannung angesteuert (BIP-Erkennung, Phase b).

Um am Ende der Einspritzung ein definiertes und schnelles Öffnen des Magnetventils zu erreichen, wird durch Anlegen einer hohen Klemmenspannung eine Schnelllöschung der im Magnetventil gespeicherten Energie durchgeführt (Phase d).

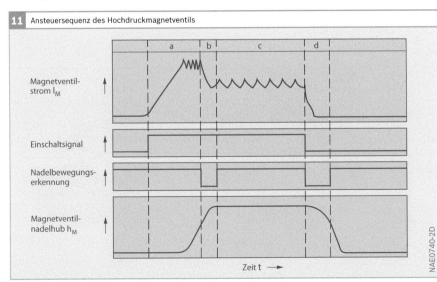

11 Ansteuersequenz des Hochdruckmagnetventils

Magnetventil-strom I_M

Einschaltsignal

Nadelbewegungs-erkennung

Magnetventil-nadelhub h_M

Zeit t →

NAE0740-2D

Bild 11
a Anzugstrom
(UIS/UPS für Nkw: 12...20 A;
UIS für Pkw: 20 A)
b BIP-Erkennung
c Haltestrom
(UIS/UPS für Nkw: 8...14 A;
UIS für Pkw: 12 A)
d Schnelllöschung

Ende 1922 begann bei Bosch die Entwicklung eines Einspritzsystems für Dieselmotoren. Die technischen Voraussetzungen waren günstig: Bosch verfügte über Erfahrungen mit Verbrennungsmotoren, die Fertigungstechnik war hoch entwickelt und vor allem konnten Kenntnisse, die man bei der Fertigung von Schmierpumpen gesammelt hatte, eingesetzt werden. Dennoch war dies für Bosch ein großes Wagnis, da es viele Aufgaben zu lösen gab.

1927 wurden die ersten Einspritzpumpen in Serie hergestellt. Die Präzision dieser Pumpen war damals einmalig. Sie waren klein, leicht und ermöglichten höhere Drehzahlen des Dieselmotors. Diese Reiheneinspritzpumpen wurden ab 1932 in Nkw und ab 1936 auch in Pkw eingesetzt. Die Entwicklung des Dieselmotors und der Einspritzanlagen ging seither unaufhörlich weiter.

Im Jahr 1962 gab die von Bosch entwickelte Verteilereinspritzpumpe mit automatischem Spritzversteller dem Dieselmotor neuen Auftrieb. Mehr als zwei Jahrzehnte später folgte die von Bosch in langer Forschungsarbeit zur Serienreife gebrachte elektronische Regelung der Dieseleinspritzung.

Die immer genauere Dosierung kleinster Kraftstoffmengen zum exakt richtigen Zeitpunkt und die Steigerung des Einspritzdrucks ist eine ständige Herausforderung für die Entwickler. Dies führte zu vielen neuen Innovationen bei den Einspritzsystemen (siehe Bild).

In Verbrauch und Ausnutzung des Kraftstoffs ist der Selbstzünder nach wie vor benchmark (d. h. er setzt den Maßstab).

Neue Einspritzsysteme halfen weiteres Potenzial zu heben. Zusätzlich wurden die Motoren ständig leistungsfähiger, während die Geräusch- und Schadstoffemissionen weiter abnahmen!

▶ Meilensteine der Dieseleinspritzung

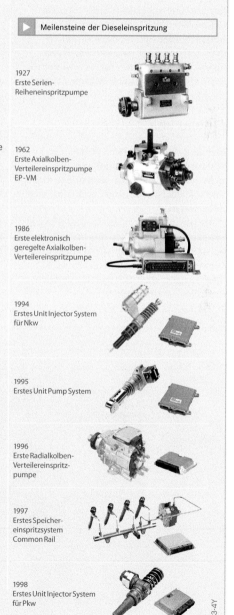

1927
Erste Serien-
Reiheneinspritzpumpe

1962
Erste Axialkolben-
Verteilereinspritzpumpe
EP-VM

1986
Erste elektronisch
geregelte Axialkolben-
Verteilereinspritzpumpe

1994
Erstes Unit Injector System
für Nkw

1995
Erstes Unit Pump System

1996
Erste Radialkolben-
Verteilereinspritz-
pumpe

1997
Erstes Speicher-
einspritzsystem
Common Rail

1998
Erstes Unit Injector System
für Pkw

UMK1563-4Y

Unit Pump System UPS

Das Unit Pump System (UPS) wird bei Nkw und Großmotoren eingesetzt. Die Arbeitsweise der Unit Pump (UP) entspricht der des Unit Injectors (UI) für Nkw. Im Gegensatz zum UI sind bei der UP jedoch Einspritzdüse und Injektor räumlich getrennt und über eine kurze Leitung miteinander verbunden. Das Unit Pump System wird daher auch Pumpe-Leitung-Düse genannt.

Einbau und Antrieb

Die Einspritzdüse ist beim Unit Pump System mit einem Düsenhalter in den Zylinderkopf eingebaut, während sie beim Unit Injector System direkt in den Injektor integriert ist.

Die Pumpe wird seitlich am Motorblock befestigt (Bild 1) und von einem Einspritznocken (Bild 2, Pos. 13) auf der Motornockenwelle über einen Rollenstößel (26) direkt angetrieben. Das bietet gegenüber dem UI folgende Vorteile:

▸ keine Zylinderkopf-Neukonstruktion notwendig,
▸ steifer Antrieb, da keine Kipphebel erforderlich sind,
▸ einfache Handhabung beim Kundendienst, da die Pumpen einfach ausgebaut werden können.

Aufbau

Im Gegensatz zum Unit Injector werden bei der Unit Pump Hochdruckleitungen zwischen Hochdruckpumpe und Einspritzdüse eingesetzt. Die Leitungen müssen dem maximalen Pumpendruck und den zum Teil hochfrequenten Druckschwankungen während der Einspritzpausen dauerhaft standhalten. Es werden deshalb hochfeste nahtlose Stahlrohre eingesetzt. Die Leitungen werden möglichst kurz ausgelegt und müssen für die einzelnen Pumpen eines Motors gleich lang sein.

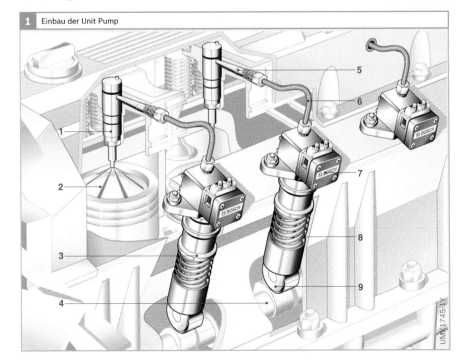

1   Einbau der Unit Pump

Bild 1

1   Stufendüsenhalter
2   Brennraum
      des Motors
3   Unit Pump
4   Motornockenwelle
5   Druckrohrstutzen
6   Hochdruckleitung
7   Magnetventil
8   Rückstellfeder
9   Rollenstößel

2 | Aufbau der Unit Pump für Nkw

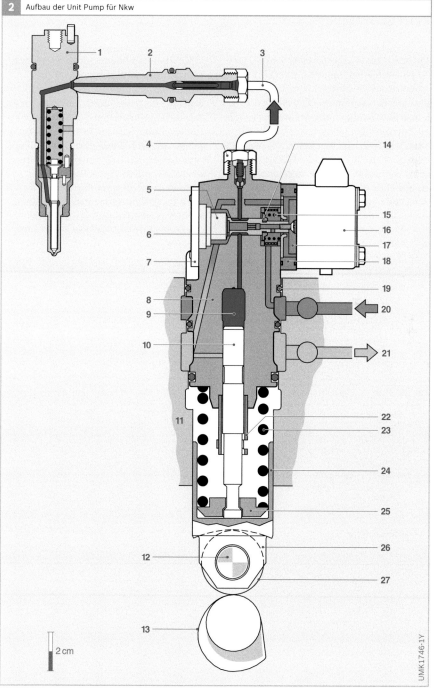

Bild 2

 1 Stufendüsenhalter
 2 Druckrohrstutzen
 3 Hochdruckleitung
 4 Anschluss
 5 Hubanschlag
 6 Magnetventilnadel
 7 Platte
 8 Pumpenkörper
 9 Hochdruckraum
   (Elementraum)
10 Pumpenkolben
11 Motorblock
12 Rollenstößelbolzen
13 Nocken
14 Federteller
15 Magnetventilfeder
16 Ventilgehäuse
   mit Spule und
   Magnetkern
17 Ankerplatte
18 Zwischenplatte
19 Dichtung
20 Kraftstoffzulauf
21 Kraftstoffrücklauf
22 Pumpenkolben-
   Rückhalteeinrich-
   tung
23 Stößelfeder
24 Stößelkörper
25 Federteller
26 Rollenstößel
27 Stößelrolle

UMK1746-1Y

2 cm

Stromgeregelte Einspritz- verlaufsformung CCRS

Die beim Unit Injector beschriebene Arbeitsweise des Magnetventils führt zu einem dreieckförmigen Einspritzverlauf. Bei einigen Unit Pump Systemen wird durch konstruktive Anpassung des Magnetventils ein bootförmiger Einspritzverlauf reali- siert. Dazu wird das Magnetventil mit einem beweglichen Hubanschlag (Bild 4, Pos. 1) ausgestattet, der zur Zwischenhubbegren- zung dient und so einen gedrosselten Schaltzustand („boot") ermöglicht.

Nach dem Schließen des Magnetventils wird der Magnetventilstrom auf ein Zwischenniveau (Bild 3, Phase c_1) unterhalb des Haltestroms (c_2) zurückgefahren, so- dass die Ventilnadel auf dem Hubanschlag aufliegt. Damit wird ein Drosselspalt freige- geben, wodurch der weitere Druckaufbau begrenzt wird. Durch Anheben des Stroms wird das Ventil wieder vollständig ge- schlossen und die boot-Phase beendet.

Dieses Verfahren der stromgeregelten Einspritzverlaufsformung wird auch **C**urrent **C**ontrolled **R**ate **S**haping (CCRS) genannt.

3 Ansteuersequenz des Hochdruckmagnetventils für bootförmige Einspritzung

Magnetventilstrom

Magnetventilnadelhub

Einspritzdruck

UAE0988D

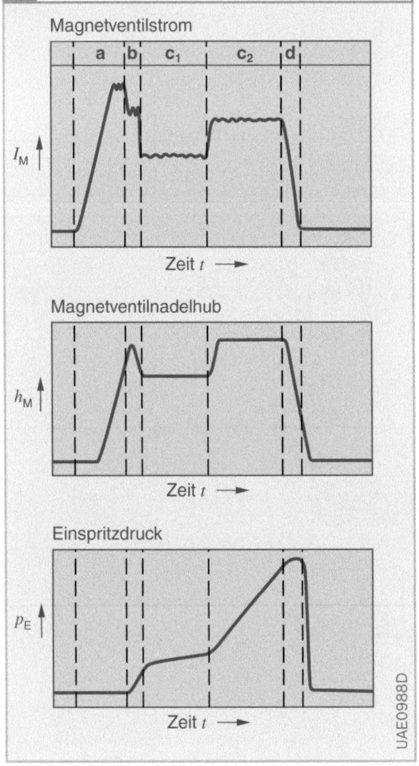

Bild 3

a Anzugstrom (UPS für Nkw: 12...20 A)

b BIP-Erkennung

c_1 Haltestrom für bootförmige Ein- spritzung

c_2 Haltestrom (UPS für Nkw: 8...14 A)

d Schnelllöschung

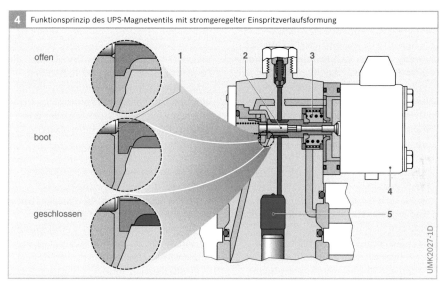

4 Funktionsprinzip des UPS-Magnetventils mit stromgeregelter Einspritzverlaufsformung

offen

boot

geschlossen

Bild 4

1 Hubanschlag
2 Magnetventilnadel
3 Magnetventilfeder
4 Gehäuse mit Spule und Magnetkern
5 Hochdruckraum (Elementraum)

UMK2027-1D

Einspritzdüsen

Die Einspritzdüse spritzt den Kraftstoff in den Brennraum des Dieselmotors ein. Sie beeinflusst wesentlich die Gemischbildung und die Verbrennung und somit die Motorleistung, das Abgas- und das Geräuschverhalten. Damit die Einspritzdüsen ihre Aufgaben optimal erfüllen, müssen sie durch unterschiedliche Ausführungen abhängig vom Einspritzsystem an den Motor angepasst werden.

Die Einspritzdüse (im Folgenden kurz „Düse" genannt) ist ein zentrales Element des Einspritzsystems, das viel technisches „Know-how" erfordert. Die Düse hat maßgeblichen Anteil an:
▸ der Formung des Einspritzverlaufs (genauer Druckverlauf und Mengenverteilung je Grad Kurbelwellenwinkel),
▸ der optimalen Zerstäubung und Verteilung des Kraftstoffs im Brennraum und
▸ dem Abdichten des Kraftstoffsystems gegen den Brennraum.

Die Düse unterliegt wegen ihrer exponierten Lage im Brennraum ständig pulsierenden mechanischen und thermischen Belastungen durch Motor und Einspritzsystem. Der durchströmende Kraftstoff muss die Düse kühlen. Im Schubbetrieb, bei dem nicht eingespritzt wird, steigen die Temperaturen an der Düse stark an. Ihre Temperaturbeständigkeit muss deshalb für diesen Betriebspunkt ausgelegt sein.

Bei den Einspritzsystemen mit Reiheneinspritzpumpen (PE), Verteilereinspritzpumpen (VE/VR) und Unit Pump (UP) sind die Düsen mit Düsenhaltern im Motor eingebaut (Bild 1). Bei den Hochdruckeinspritzsystemen Common Rail (CR) und Unit Injector (UI) ist die Düse im Injektor integriert. Ein Düsenhalter ist bei diesen Systemen nicht erforderlich.

Für Kammermotoren (IDI) werden Zapfendüsen und bei Direkteinspritzern (DI) Lochdüsen eingesetzt.

Der Kraftstoffdruck öffnet die Düse. Düsenöffnungen, Einspritzdauer und Einspritzverlauf bestimmen im Wesentlichen die Einspritzmenge. Sinkt der Druck, muss die Düse schnell und sicher schließen. Der Schließdruck liegt um mindestens 40 bar über dem maximalen Verbrennungsdruck um ungewolltes Nachspritzen oder das Eindringen von Verbrennungsgasen zu verhindern.

Die Düse muss auf die verschiedenen Motorverhältnisse abgestimmt sein:
▸ Verbrennungsverfahren (DI oder IDI),
▸ Geometrie des Brennraums,
▸ Einspritzstrahlform und Strahlrichtung,
▸ „Durchschlagskraft" und Zerstäubung des Kraftstoffstrahls,
▸ Einspritzdauer und
▸ Einspritzmenge je Grad Kurbelwellenwinkel.

Standardisierte Abmessungen und Baugruppen gestatten die erforderliche Flexibilität mit einem Minimum an Einzelteilvarianten. Neue Motoren werden aufgrund der besseren Leistung bei niedrigerem Kraftstoffverbrauch nur noch mit Direkteinspritzung (d.h. mit Lochdüsen) entwickelt.

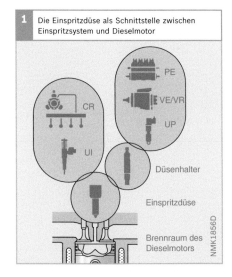

1 Die Einspritzdüse als Schnittstelle zwischen Einspritzsystem und Dieselmotor

▶ **Dimensionen der Diesel-Einspritztechnik**

Die Welt der Dieseleinspritzung ist eine Welt der Superlative.

Auf mehr als 1 Milliarde Öffnungs- und Schließhübe kommt eine Düsennadel eines Nkw-Motors in ihrem „Einspritzleben". Sie dichtet bis zu 2050 bar sicher ab und muss dabei einiges aushalten:
▶ sie schluckt die Stöße des schnellen Öffnens und Schließens (beim Pkw geschieht dies bis zu 10 000-mal pro Minute bei Vor- und Nacheinspritzungen),
▶ sie widersteht den hohen Strömungsbelastungen beim Einspritzen und
▶ sie hält dem Druck und der Temperatur im Brennraum stand.

Was moderne Einspritzdüsen leisten, zeigen folgende Vergleiche:
▶ In der Einspritzkammer herrrscht ein Druck von bis zu 2050 bar. Dieser Druck entsteht, wenn Sie einen Oberklassewagen auf einen Fingernagel stellen würden.

▶ Die Einspritzdauer beträgt 1...2 Millisekunden (ms). In einer Millisekunde kommt eine Schallwelle aus einem Lautsprecher nur ca. 33 cm weit.
▶ Die Einspritzmengen variieren beim Pkw zwischen 1 mm³ (Voreinspritzung) und 50 mm³ (Volllastmenge); beim Nkw zwischen 3 mm³ (Voreinspritzung) und 350 mm³ (Volllastmenge). 1 mm³ entspricht dem Volumen eines halben Stecknadelkopfs. 350 mm³ ergeben die Menge von 12 großen Regentropfen (30 mm³ je Tropfen). Diese Menge wird innerhalb von 2 ms mit 2000 km/h durch eine Öffnung mit weniger als 0,25 mm² Querschnitt gedrückt!
▶ Das Führungsspiel der Düsennadel beträgt 0,002 mm (2 µm). Ein menschliches Haar ist 30-mal so dick (0,06 mm).

Die Erfüllung all dieser Höchstleistungen erfordert ein sehr großes Know-how in Entwicklung, Werkstoffkunde, Fertigung und Messtechnik.

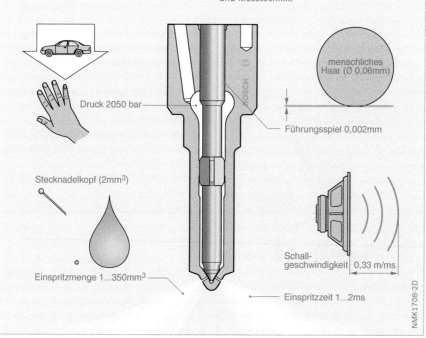

Druck 2050 bar

menschliches Haar (Ø 0,06mm)

Führungsspiel 0,002mm

Stecknadelkopf (2mm³)

Schallgeschwindigkeit | 0,33 m/ms

Einspritzmenge 1...350mm³

Einspritzzeit 1...2ms

NMK1708-2D

Lochdüsen

Anwendung

Lochdüsen werden für Motoren verwendet, die nach dem Direkteinspritzverfahren arbeiten (Direct Injection, DI). Die Einbauposition ist meist durch die Motorkonstruktion vorgegeben. Die unter verschiedenen Winkeln angebrachten Spritzlöcher müssen passend zum Brennraum ausgerichtet sein (Bild 1). Lochdüsen werden unterteilt in

▸ Sacklochdüsen und
▸ Sitzlochdüsen.

Außerdem unterscheiden sich Lochdüsen in ihrer Baugröße nach:
▸ *Typ P* mit einem Nadeldurchmesser von 4 mm (Sack- und Sitzlochdüsen) oder
▸ *Typ S* mit einem Nadeldurchmesser von 5 und 6 mm (Sacklochdüsen für Großmotoren).

Bei den Einspritzsystemen Unit Injector (UI) und Common Rail (CR) sind die Lochdüsen in die Injektoren integriert. Diese übernehmen damit die Funktion des Düsenhalters.
    Der Öffnungsdruck der Lochdüsen liegt zwischen 150...350 bar.

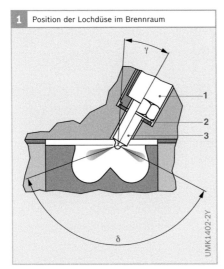

1 Position der Lochdüse im Brennraum

UMK1402-2Y

Aufbau

Die Spritzlöcher (Bild 2, Pos. 6) liegen auf dem Mantel der Düsenkuppe (7). Anzahl und Durchmesser sind abhängig von
▸ der benötigten Einspritzmenge,
▸ der Brennraumform und
▸ dem Luftwirbel (Drall) im Brennraum.

Der Durchmesser der Einspritzlöcher ist innen etwas größer als außen. Dieser Unterschied ist über den k-Faktor definiert. Die Einlaufkanten der Spritzlöcher können durch hydroerosive (HE-)Bearbeitung verrundet sein. An Stellen, an denen hohe Strömungsgeschwindigkeiten auftreten (Spritzlocheinlauf), runden die im HE-Medium enthaltenen abrasiven (materialabtragenden) Partikel die Kanten ab. Die HE-Bearbeitung kann sowohl für Sackloch- als auch für Sitzlochdüsen angewandt werden. Ziel dabei ist es,
▸ den Strömungsbeiwert zu optimieren,
▸ den Kantenverschleiß, den abrasive Partikel im Kraftstoff verursachen, vorwegzunehmen und/oder
▸ die Durchflusstoleranz einzuengen.

Die Düsen müssen sorgfältig auf die gegebenen Motorverhältnisse abgestimmt sein. Die Düsenauslegung ist mitentscheidend für
▸ das dosierte Einspritzen (Einspritzdauer und Einspritzmenge je Grad Kurbelwellenwinkel),
▸ das Aufbereiten des Kraftstoffs (Strahlanzahl, Strahlform und Zerstäuben des Kraftstoffstrahls),
▸ die Verteilung des Kraftstoffs im Brennraum sowie
▸ das Abdichten gegen den Brennraum.

Die Druckkammer (10) wird durch elektrochemische Metallbearbeitung (ECM) eingebracht. Dabei wird in den gebohrten Düsenkörper eine Elektrode eingeführt, die von einer Elektrolytlösung durchspült wird. Am elektrisch positiv geladenen Düsenkörper wird Material abgetragen (anodische Auflösung).

Bild 1
1 Düsenhalter oder Injektor
2 Dichtscheibe
3 Lochdüse

γ Neigung
δ Spritzkegelwinkel

Ausführungen

Der Kraftstoff im Volumen unterhalb des Nadelsitzes der Düsennadel verdampft nach der Verbrennung und trägt damit wesentlich zu den Kohlenwasserstoff-Emissionen des Motors bei. Daher ist es wichtig, dieses Volumen (Rest- oder Schadvolumen) so klein wie möglich zu halten.

Außerdem hat die Geometrie des Nadelsitzes und die Kuppenform entscheidenden Einfluss auf das Öffnungs- und Schließverhalten der Düse. Dies hat Einfluss auf die Ruß und NO_X-Emissionen des Motors.

Die Berücksichtigung dieser Faktoren haben - je nach Anforderungen des Motors und des Einspritzsystems - zu unterschiedlichen Düsenausführungen geführt.

Grundsätzlich gibt es zwei Ausführungen:
▸ Sacklochdüsen und
▸ Sitzlochdüsen.

Bei den Sacklochdüsen werden unterschiedliche Varianten eingesetzt.

Sacklochdüse

Die Spritzlöcher der Sacklochdüse (Bild 2, Pos. 6) sind um ein Sackloch angeordnet.

Bei einer runden Kuppe werden die Spritzlöcher je nach Auslegung mechanisch oder durch elektrischen Teilchenabtrag (elektroerosiv) gebohrt.

Sacklochdüsen mit konischer Kuppe sind generell elektroerosiv gebohrt.

Sacklochdüsen gibt es mit zylindrischem und mit konischem Sackloch in verschiedenen Abmessungen.

Die Sacklochdüse mit zylindrischem Sackloch und runder Kuppe (Bild 3), die aus einem zylindrischen und einem halbkugelförmigen Teil besteht, hat eine hohe Auslegungsfreiheit bezüglich Lochzahl, Lochlänge und Spritzlochkegelwinkel. Die Düsenkuppe hat die Form einer Halbkugel und gewährleistet damit - zusammen mit der Sacklochform - eine gleichmäßige Lochlänge.

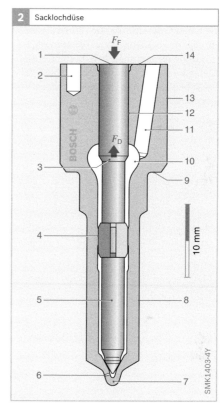

2 Sacklochdüse

SMK1403-4Y

Bild 2
1 Hubanschlagfläche
2 Fixierbohrung
3 Druckschulter
4 doppelte Nadelführung
5 Nadelschaft
6 Spritzloch
7 Düsenkuppe
8 Düsenkörperschaft
9 Düsenkörperschulter
10 Druckkammer
11 Zulaufbohrung
12 Nadelführung
13 Düsenkörperbund
14 Dichtfläche

F_F Federkraft
F_D durch den Kraftstoffdruck resultierende Kraft an der Druckschulter

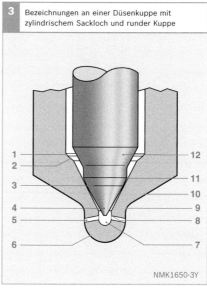

3 Bezeichnungen an einer Düsenkuppe mit zylindrischem Sackloch und runder Kuppe

NMK1650-3Y

Bild 3
1 Absetzkante
2 Sitzeinlauf
3 Nadelsitz
4 Nadelspitze
5 Spritzloch
6 runde Kuppe
7 zylindrisches Sackloch (Restvolumen)
8 Spritzlocheinlauf
9 Kehlradius
10 Düsenkuppenkegel
11 Düsenkörpersitz
12 Dämpfungskegel

Die Sacklochdüse mit zylindrischem Sackloch und konischer Kuppe (Bild 4a) gibt es nur für Lochlängen von 0,6 mm. Die konische Kuppenform erhöht die Kuppenfestigkeit durch eine größere Wanddicke zwischen Kehlenradius (3) und Düsenkörpersitz (4).

4 Düsenkuppen

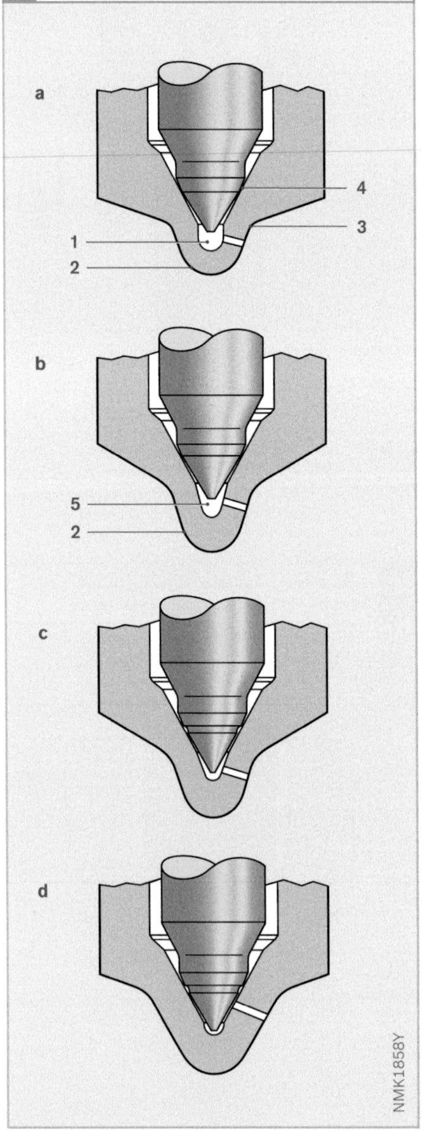

Die Sacklochdüse mit konischem Sackloch und konischer Kuppe (Bild 4b) hat ein geringeres Restvolumen als eine Düse mit zylindrischem Sackloch. Sie liegt mit ihrem Sacklochvolumen zwischen Sitzlochdüse und Sacklochdüse mit zylindrischem Sackloch. Um eine gleichmäßige Wanddicke der Kuppe zu erhalten, ist die Kuppe entsprechend dem Sackloch konisch ausgeführt.

Eine Weiterentwicklung der Sacklochdüse ist die Mikrosacklochdüse. (Bild 4c). Ihr Sacklochvolumen ist um ca. 30 % gegenüber einer herkömmlichen Sacklochdüse reduziert. Diese Düse eignet sich besonders für Common Rail Systeme, die mit relativ langsamem Nadelhub und damit mit einer vergleichsweise langen Sitzdrosselung beim Öffnen arbeiten. Die Mikrosacklochdüse stellt für die Common Rail Systeme derzeit den besten Kompromiss zwischen einem geringen Restvolumen und einer gleichmäßigen Strahlverteilung beim Öffnen dar.

Sitzlochdüse
Um das Restvolumen – und damit die HC-Emission – zu minimieren, liegt der Spritzlochanfang im Düsenkörpersitz. Bei geschlossener Düse deckt die Düsennadel den Spritzlochanfang weitgehend ab, sodass keine direkte Verbindung zwischen Sackloch und Brennraum besteht (Bild 4d). Das Sacklochvolumen ist gegenüber der Sacklochdüse stark reduziert. Sitzlochdüsen haben gegenüber Sacklochdüsen eine deutlich geringere Belastungsgrenze und können deshalb nur mit einer Lochlänge von 1 mm ausgeführt werden. Die Kuppenform ist konisch ausgeführt. Die Spritzlöcher sind generell elektroerosiv gebohrt.

Besondere Spritzlochgeometrien, eine doppelte Nadelführung oder komplexe Nadelspitzengeometrien verbessern die Strahlverteilung und somit die Gemischbildung bei Sack- und Sitzlochdüsen noch weiter.

Bild 4
a Zylindrisches Sackloch und konische Kuppe
b konisches Sackloch und konische Kuppe
c Mikrosackloch
d Sitzlochdüse

1 Zylindrisches Sackloch
2 konische Kuppe
3 Kehlradius
4 Düsenkörpersitz
5 konisches Sackloch

NMK1858Y

Wärmeschutz

Bei Lochdüsen liegt die obere Temperaturgrenze bei 300 °C (Wärmefestigkeit des Materials). Für besonders schwierige Anwendungsfälle stehen Wärmeschutzhülsen oder für größere Motoren sogar gekühlte Einspritzdüsen zur Verfügung.

Einfluss auf die Emissionen

Die Düsengeometrie hat direkten Einfluss auf die Schadstoffemissionen des Motors:

► Die Spritzlochgeometrie (Bild 5, Pos. 1) beeinflusst die Partikel- und NO_X-Emissionen.
► Die Sitzgeometrie (2) beeinflusst durch ihre Wirkung auf die Pilotmenge – d. h. die Menge zu Beginn der Einspritzung – das Motorgeräusch. Ziel bei der Optimierung der Spritzloch- und Sitzgeometrie ist es, ein robustes Design mit einem prozessfähigen Fertigungsablauf in kleinstmöglichen Toleranzen zu erreichen.
► Die Sacklochgeometrie (3) beeinflusst wie bereits zuvor erwähnt die HC-Emissionen. Aus einem „Düsenbaukasten" kann der Konstrukteur die fahrzeugspezifische Optimalvariante auswählen.

Daher ist es wichtig, dass die Düsen genau an das Fahrzeug, den Motor und das Einspritzsystem angepasst sind. Im Servicefall dürfen nur Original-Ersatzteile verwendet werden, um die Leistung und die Schadstoffemissionen des Motors nicht zu verschlechtern.

Strahlformen

Grundsätzlich ist der Einspritzstrahl für Pkw-Motoren lang und schmal, da diese Motoren einen starken Drall im Brennraum erzeugen. Bei Nkw-Motoren ist sehr wenig Drall vorhanden. Deshalb ist der Strahl kurz und bauchig. Die Einspritzstrahlen dürfen auch bei großem Drall nie gegenseitig aufeinander treffen, sonst würde der Kraftstoff in die Bereiche eingespritzt, in denen bereits eine Verbrennung stattgefunden hat und somit Luftmangel herrscht. Dies würde zu starker Rußentwicklung führen.

Lochdüsen haben bis zu sechs (Pkw) bzw. zehn Löcher (Nkw). Ziel für zukünftige Entwicklungen ist es, die Zahl der Spritzlöcher noch weiter zu erhöhen und ihren Durchmesser zu verringern (< 0,12 mm), um eine noch feinere Verteilung des Kraftstoffs zu erreichen.

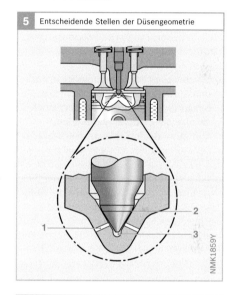

5 Entscheidende Stellen der Düsengeometrie

NMK1859Y

Bild 5
1 Spritzloch-
geometrie
2 Sitzgeometrie
3 Sacklochgeometrie

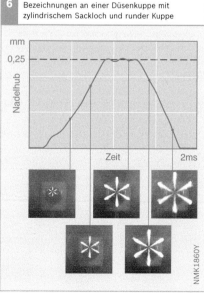

6 Bezeichnungen an einer Düsenkuppe mit zylindrischem Sackloch und runder Kuppe

mm
0,25

Nadelhub

Zeit   2ms

NMK1860Y

Weiterentwicklung der Düse

Angesichts der hochdynamischen Entwicklung neuer, hochbelasteter Motoren und Einspritzsysteme mit höherer Funktionalität (z.B. Mehrfacheinspritzung) ist eine ständige Weiterentwicklung der Düse notwendig. Zudem gibt es viele Ansatzpunkte, um mit innovativen Lösungen an der Düse auch in Zukunft weitere Verbesserungen des Dieselmotors zu erreichen. Die wichtigsten Ziele sind:

▶ Minimierung der Rohemissionen, um den Aufwand für eine teure Abgasnachbehandlung (z. B. Partikelfilter) zu verringern oder ganz zu vermeiden,
▶ Minimierung des Kraftstoffverbrauchs,
▶ Optimierung des Motorgeräuschs.

Bei der Weiterentwicklung der Düse gibt es verschiedene Schwerpunktbereiche (Bild 1) und Entwicklungswerkzeuge (Bild 2). Auch werden laufend neue Werkstoffe für eine höhere Dauerbelastbarkeit entwickelt. Die Mehrfacheinspritzung hat ebenfalls Auswirkungen auf die Gestaltung der Düse.

Der Einsatz anderer Kraftstoffe (z. B. Designer-Fuels) beeinflusst die Gestalt der Düse wegen der abweichenden Viskosität oder einem anderen Strömungsverhalten.

Diese Veränderungen erfordern zum Teil auch neue Fertigungsverfahren wie zum Beispiel das Laserbohren der Spritzlöcher.

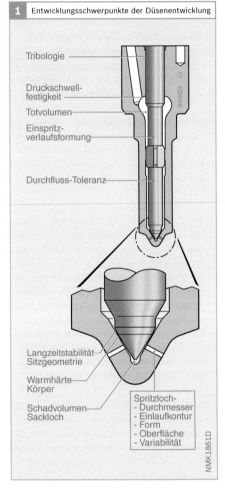

1 Entwicklungsschwerpunkte der Düsenentwicklung

Tribologie
Druckschwellfestigkeit
Totvolumen
Einspritzverlaufsformung
Durchfluss-Toleranz
Langzeitstabilität Sitzgeometrie
Warmhärte Körper
Schadvolumen Sackloch
Spritzloch-
- Durchmesser
- Einlaufkontur
- Form
- Oberfläche
- Variabilität

NMK1861D

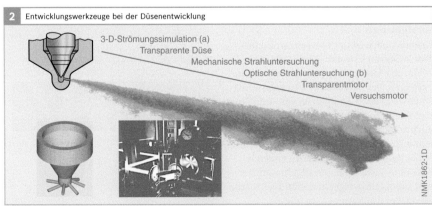

2 Entwicklungswerkzeuge bei der Düsenentwicklung

3-D-Strömungssimulation (a)
Transparente Düse
Mechanische Strahluntersuchung
Optische Strahluntersuchung (b)
Transparentmotor
Versuchsmotor

NMK1862-1D

▶ Dieseleinspritzung ist Präzisionstechnik

Bei Dieselmotoren denken viele Laien eher an groben Maschinenbau als an Präzisionsmechanik. Moderne Komponenten der Dieseleinspritzung bestehen jedoch aus hoch präzisen Teilen, die extremen Belastungen ausgesetzt sind.

Die Einspritzdüse ist die Schnittstelle zwischen dem Einspritzsystem und dem Motor. Sie muss über die gesamte Lebensdauer des Motors exakt öffnen und schließen. Im geschlossenen Zustand dürfen keine Lecks entstehen. Dies würde den Kraftstoffverbrauch erhöhen, die Abgasemissionen verschlechtern oder sogar zu Motorschäden führen.

Damit die Düsen bei den hohen Drücken der modernen Einspritzsysteme VR (VP44), CR, UPS und UIS (bis zu 2050 bar) sicher abdichten, müssen sie speziell konstruiert und sehr genau gefertigt sein. Hier einige Beispiele:

▶ Damit die Dichtfläche des Düsenkörpers (1) sicher abdichtet, hat sie eine maximale Formabweichung von 0,001 mm (1 μm). Das heißt, sie muss auf ca. 4000 Metallatomlagen genau gefertigt werden!

▶ Das Führungsspiel zwischen Düsennadel und Düsenkörper (2) beträgt 0,002...0,004 mm (2...4 μm). Die Formabweichungen sind durch Feinstbearbeitung ebenfalls kleiner als 0,001 mm (1 μm).

Die feinen Spritzlöcher (3) der Düsen werden bei der Herstellung erodiert (elektroerosives Bohren). Beim Erodieren verdampft das Metall durch die hohe Temperatur bei der Funkenentladung zwischen einer Elektrode und dem Werkstück. Mit präzise gefertigten Elektroden und exakter Einstellung der Parameter können sehr genaue Bohrungen mit Durchmessern von 0,12 mm hergestellt werden. Der kleinste Durchmesser der Einspritzlöcher ist damit nur doppelt so groß wie der eines menschlichen Haars (0,06 mm). Um ein besseres Einspritzver-

halten zu erreichen, werden die Einlaufkanten der Einspritzlöcher durch Strömungsschleifen mit einer speziellen Flüssigkeit verrundet (hydroerosive Bearbeitung).

Die winzigen Toleranzen erfordern spezielle, hochgenaue Messverfahren wie zum Beispiel:

▶ die optische 3-D-Koordinatenmessmaschine zum Vermessen der Einspritzlöcher oder

▶ die Laserinterferometrie zum Messen der Ebenheit der Düsendichtfläche.

Die Fertigung der Komponenten zur Dieseleinspritzung ist also „Hightech" in Großserie.

▼ Hier kommt es auf Präzision an

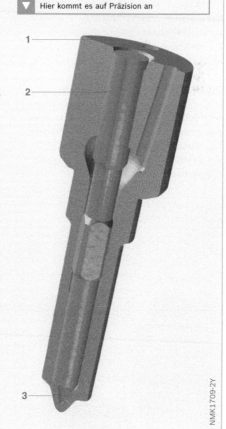

NMK1709-2Y

1 Dichtfläche des Düsenkörpers
2 Führungsspiel zwischen Düsennadel und Düsenkörper
3 Spritzloch

Hochdruckverbindungen

Die Hochdruck-Kraftstoffleitungen und ihre Anschlüsse stellen die Verbindungen zwischen Einspritzpumpe(n) und den Düsenhalterkombinationen der einzelnen Zylinder bei Reiheneinspritzpumpen, Verteilereinspritzpumpen und beim Unit Pump System her. Beim Common Rail System bilden sie die Verbindung zwischen der Hochdruckpumpe und dem Rail sowie zwischen dem Rail und den Injektoren. Das Unit Injector System benötigt keine Hochdruckleitungen.

Hochdruckanschlüsse

Die Hochdruckanschlüsse müssen gegen den Kraftstoff mit maximalem Systemdruck sicher abdichten. Man unterscheidet folgende Anschlussarten:
▸ Dichtkegel mit Überwurfmutter,
▸ Druckrohrstutzen und
▸ Traverse.

Dichtkegel mit Überwurfmutter
Die Anschlussart „Dichtkegel mit Überwurfmutter" (Bild 1) wird bei allen oben genannten Einspritzsystemen verwendet. Die Vorteile dieser Verbindung sind:
▸ Einfache Anpassung an das Einspritzsystem.

▸ Die Verbindung kann mehrfach gelöst und angezogen werden.
▸ Der Dichtkegel kann aus dem Grundmaterial geformt werden.

Am Ende der Hochdruckleitung befindet sich der gestauchte Rohrdichtkegel (3). Die Überwurfmutter (2) drückt den Dichtkegel in den Druckanschluss (4) und dichtet damit ab. Einige Verbindungen haben zusätzlich eine Druckscheibe (1). Sie verteilt den Druck der Überwurfmutter gleichmäßiger auf den Dichtkegel. Am Dichtkegel dürfen keine Verengungen des Querschnitts vorhanden sein, die den Kraftstofffluss behindern. Meist werden gestauchte Rohrdichtkegel nach DIN 73 365 verwendet (Bild 2).

Druckrohrstutzen
Druckrohrstutzen (Bild 3) werden bei schweren Nkw für die Systeme Unit Pump und Common Rail eingesetzt. Bei der Anwendung des Druckrohrstutzens muss die Kraftstoffleitung nicht um den Zylinderkopf herum zum Düsenhalter bzw. Injektor geführt werden. Dies ermöglicht kürzere Kraftstoffleitungen und kann Platz- oder Montagevorteile bringen.

Die Schraubverbindung (8) drückt den Druckrohrstutzen (3) direkt in den Düsenhalterhalter (1) bzw. Injektor. Er enthält

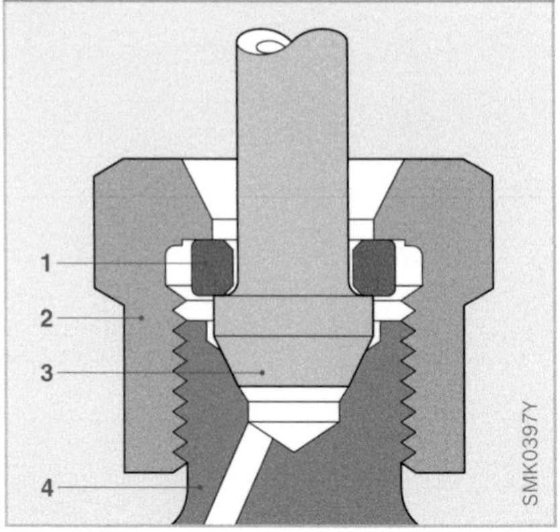

Bild 1
1 Druckscheibe
2 Überwurfmutter
3 Rohrdichtkegel der Hochdruck-Kraftstoffleitung
4 Druckanschluss der Einspritzpumpe oder des Düsenhalters

Bild 2
1 Dichtfläche

d Außendurchmesser der Leitung
d_1 Innendurchmesser der Leitung
d_2 Innendurchmesser des Kegels
d_3 Außendurchmesser des Kegels
k Länge des Kegels
R_1, R_2 Radien

1 Hochdruckanschluss mit Dichtkegel und Überwurfmutter

1
2
3
4

SMK0397Y

2 Angestauchter Dichtkegel (Hauptmaße)

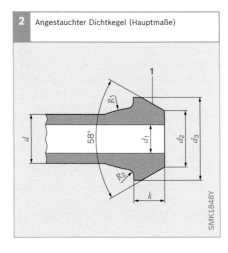

SMK1848Y

auch einen wartungsfreien Stabfilter (5), der grobe Verunreinigungen im Kraftstoff zurückhält. Am anderen Ende ist er über einen konventionellen Druckanschluss mit Dichtkegel und Überwurfmutter (6) mit der Hochdruckleitung (7) verbunden.

Traverse

Bei einigen Pkw-Anwendungen wird die Traverse (Bild 4) eingesetzt. Sie eignet sich für die Anwendung bei beengten Platzverhältnissen. In der Traverse sind Bohrungen für den Kraftstoffzu- und -rücklauf (9, 7) angebracht. Eine Schraube (1) drückt die Traverse auf den Düsenhalter (5) und dichtet damit die Verbindung ab.

Hochdruck-Kraftstoffleitungen

Die Hochdruck-Kraftstoffleitungen („Hochdruckleitungen") müssen dem maximalen Systemdruck und den zum Teil hochfrequenten Druckschwankungen standhalten. Sie bestehen aus nahtlosen Präzisions-Stahlrohren aus beruhigt vergossenen Stählen mit besonders gleichmäßigem Gefüge. Sie haben je nach Pumpengröße unterschiedliche Abmessungen (Tabelle 1, nächste Seite).

Alle Hochdruckleitungen sind ohne enge Biegungen verlegt. Ihr Biegeradius darf nicht weniger als 50 mm betragen.

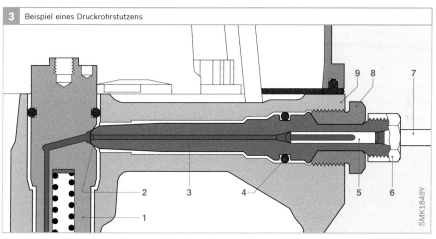

3 Beispiel eines Druckrohrstutzens

Bild 3
1 Düsenhalter
2 Dichtkegel
3 Druckrohrstutzen
4 Dichtung
5 Stabfilter
6 Überwurfmutter
7 Hochdruck-Kraftstoffleitung
8 Schraubverbindungen
9 Zylinderkopf

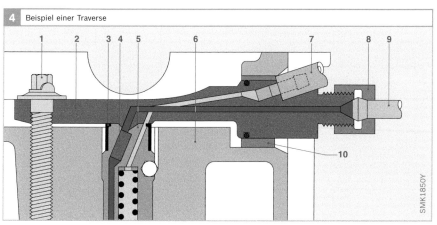

4 Beispiel einer Traverse

Bild 4
1 Spannschraube
2 Traverse
3 Formdichtring
4 Stabfilter
5 Düsenhalter
6 Zylinderkopf
7 Kraftstoffrücklauf (Leckölleitung)
8 Überwurfmutter
9 Hochdruck-Kraftstoffleitung
10 Klemmstück

Die Länge, der Leitungsquerschnitt und die Wandstärke der Hochdruckleitungen haben Einfluss auf den Einspritzverlauf. Zum Beispiel beeinflusst der Innendurchmesser wegen Drosselverlusten oder Kompressionseffekten die Einspritzmenge. Daraus ergeben sich vorgeschriebene Leitungsabmessungen, die genau einzuhalten sind. Sie dürfen bei Wartungsarbeiten nicht verändert werden. Defekte Hochdruckleitungen müssen durch Originalteile ersetzt werden. Wie bei allen Wartungsarbeiten am Einspritzsystem dürfen auch hierbei keine Verunreinigungen in das System gelangen.

Generell wird bei der Entwicklung des Einspritzsystems angestrebt, die Hochdruckleitungen so kurz wie möglich zu halten. Kurze Leitungen verbessern das Einspritzverhalten.

Während der Einspritzung entstehen in den Leitungen Druckwellen, die sich mit Schallgeschwindigkeit ausbreiten und an den Enden reflektiert werden („Brandungswelleneffekt"). Beim Common Rail System beeinflussen sich die dicht aufeinander folgenden Einspritzungen in einem Verbrennungstakt durch die jeweils ausgelösten Druckwellen gegenseitig. So wird z. B. die Menge der Haupteinspritzung abhängig von Voreinspritzmenge und Abstand zur Voreinspritzung beeinflusst. Der Effekt wird bei der Festlegung von Kennfeldern oder durch die Druckwellenkorrektur in der Software ausgeglichen.

Die Hochdruckleitungen sind für jeden Zylinder gleich lang. Die verschiedenen Abstände zwischen dem jeweiligen Ausgang der Einspritzpumpe bzw. des Rails und dem zugehörigen Motorzylinder werden durch mehr oder weniger starke Biegungen im Leitungsverlauf ausgeglichen.

Die Druckschwellfestigkeit der Hochdruckleitungen hängt vor allem vom Werkstoff und der größten Rautiefe - also der Oberflächenbeschaffenheit - auf der Leitungsinnenwandung ab. Wenn besonders hohe Ansprüche an die Festigkeit der Leitungen gestellt werden, können autofrettierte Hochdruckleitungen Verwendung finden (Einsatzbereich ab 1400 bar). Sie werden vor der Montage am Motor in bereits passgerecht gebogenem Zustand unter sehr hohen Druck gesetzt (bis 3800 bar). Anschließend wird der Druck blitzartig abgebaut. Dieses Verfahren führt zu einer Materialverdichtung an der Leitungsinnenwandung und damit zu einer zusätzlichen inneren Festigkeit.

Bei Fahrzeugmotoren sind die Hochdruckleitungen normalerweise mit Klemmstücken fixiert, die in definierten Abständen angebracht sind. Äußere Schwingungen übertragen sich damit nicht oder nur geringfügig auf die Hochdruckleitungen.

Die Abmessungen der Hochdruckleitungen für Prüfstände haben eine höhere Genauigkeit.

Tabelle 1
d Außendurchmesser der Leitung
d_1 Innendurchmesser der Leitung

Die **fettgedruckten** Wandstärken sind zu bevorzugen.

Die Maße der Hochdruckleitungen werden in der Regel wie folgt angegeben:
$d \times s \times l$
l Leitungslänge

1 Hauptmaße der wichtigsten Hochdruck-Kraftstoffleitungen in mm

d_1 → d ↓	1,4	1,5	1,6	1,8	2,0	2,2	2,5	2,8	3,0	3,6	4,0	4,5	5,0	6,0	7,0	8,0	9,0
	Wandstärke s																
4	1,3	1,25	**1,2**														
5	1,8	1,75	1,7	1,6													
6		**2,25**	**2,2**	2,1	2	1,9	1,75	1,6	1,5								
8					3	2,9	2,75	2,6	2,5	2,2	2						
10							3,75	3,6	3,5	3,2	3	2,75	2,5				
12									4,5	4,2	4	3,75	**3,5**				
14											5	4,75	**4,5**	4		3	
17												6	5,5	5		4,5	
19																	5
22																7	

▶ Kavitation im Hochdruck-Kraftstoffsystem

Durch Kavitation können Schäden im Einspritzsystem entstehen (Bild 1). Im Einzelnen läuft folgender Vorgang ab:

Strömt eine Flüssigkeit sehr schnell in geschlossenen Räumen (z.B. in einem Pumpengehäuse oder einer Hochdruckleitung), entstehen an Verengungen oder Biegungen lokale Druckänderungen. An diesen Stellen können sich bei ungünstigen Strömungsverhältnissen zeitlich begrenzte Bereiche mit Unterdruck bilden, in denen Dampfblasen entstehen.

In den anschließenden Überdruckphasen implodieren diese Gasblasen. Befinden sie sich dabei in der Nähe einer Wand, kann die hohe örtliche Energiedichte mit der Zeit zu einer Aushöhlung an der Oberfläche führen (Erosionseffekt). Dies wird als Kavitationsschaden bezeichnet.

Da die Gasblasen mit der Strömung transportiert werden, braucht die Kavitationswirkung nicht an der Stelle der Blasenbildung aufzutreten; vielmehr findet man die Auswirkungen der Kavitation häufig in „Totwasserzonen".

Im Hochdruckeinspritzsystem gibt es vielfältige Ursachen für diese zeitlich und örtlich „lokalen" Unterdrücke. Dies sind z.B.:

▶ Absteuervorgänge,
▶ Schließvorgänge von Ventilen,
▶ Pumpvorgänge zwischen beweglichen Spalten sowie
▶ Unterdruckwellen in Bohrungen und Leitungen.

Der Kavitation kann man nur sehr begrenzt durch Verbesserung der Werkstoffqualität bzw. Oberflächenhärte begegnen. Ziel muss es sein, die Entstehung von Gasblasen zu verhindern und durch Optimierung der Strömungsverhältnisse ihre negativen Auswirkungen zu vermeiden.

1 Durch Kavitation verursachter Schaden in einem Verteilerkörper einer VE-Pumpe

2 Implosion einer Kavitationsblase

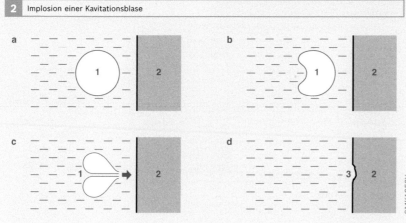

Bild 1
1 Aushöhlung

Bild 2
a Eine Dampfblase entsteht
b Die Dampfblase fällt zusammen und stülpt sich ein
c Die Einstülpung formt sich zu einem Stachel mit sehr hoher Energie
d Die implodierende Dampfblase hat eine Aushöhlung an der Oberfläche hinterlassen

1 Dampfblase
2 Wand
3 Aushöhlung

Kraftstoffversorgung Niederdruckteil

Die Kraftstoffversorgung hat die Aufgabe, den benötigten Kraftstoff zu speichern und zu filtern, sowie der Einspritzanlage bei allen Betriebsbedingungen Kraftstoff mit einem bestimmten Versorgungsdruck zur Verfügung zu stellen. Bei einigen Anwendungen wird der Kraftstoffrücklauf zusätzlich gekühlt.

Die Kraftstoffversorgung kann je nach verwendetem Einspritzsystem stark unterschiedlich sein, wie die Bilder 1 bis 4 für Radialkolben-Verteilereinspritzpumpe, Common Rail und Unit Injector System (UIS oder Pumpe-Düse-System) zeigen.

Übersicht

Die Kraftstoffversorgung umfasst die folgenden wesentlichen Komponenten (Bilder 1 bis 4):
- Kraftstoffbehälter,
- Vorfilter,
- Steuergerätekühler (optional),
- Vorförderpumpe (optional, bei Pkw auch Intank-Pumpe),
- Kraftstofffilter,
- Kraftstoffpumpe (Niederdruck),
- Druckregelventil (Überströmventil),
- Kraftstoffkühler (optional),
- Niederdruck-Kraftstoffleitungen.

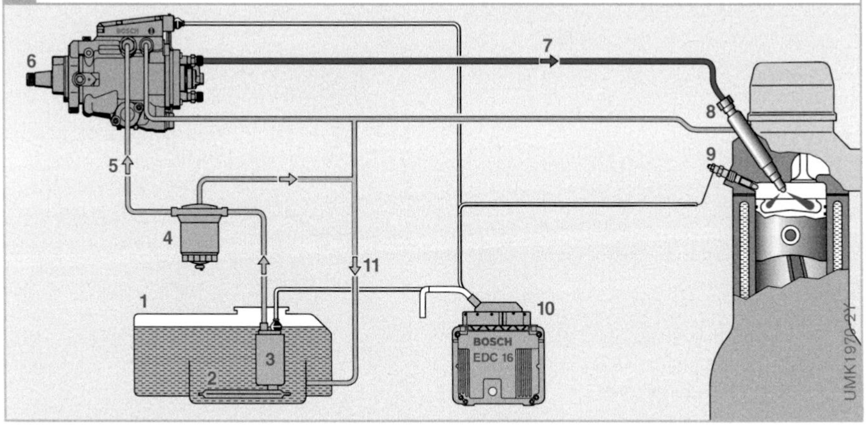

Bild 1
1 Kraftstoffbehälter
2 Vorfilter
3 Vorförderpumpe
4 Kraftstofffilter
5 Niederdruck-Kraftstoffleitung
6 Radialkolben-Verteilereinspritz-pumpe mit integrier-ter Förderpumpe
7 Hochdruck-Kraftstoffleitung
8 Düsenhalter-kombination
9 Glühstiftkerze
10 Steuergerät
11 Kraftstoff-Rückleitung

1 Kraftstoffsystem einer Einspritzanlage mit Radialkolben-Verteilereinspritzpumpe

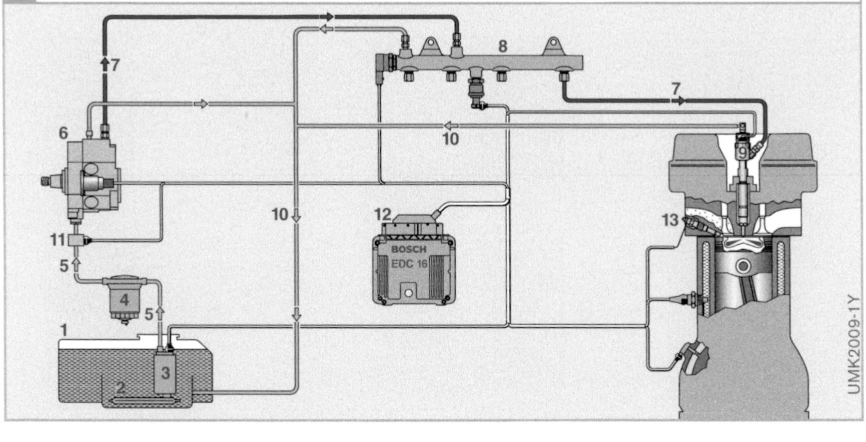

Bild 2
1 Kraftstoffbehälter
2 Vorfilter
3 Vorförderpumpe
4 Kraftstofffilter
5 Niederdruck-Kraftstoffleitungen
6 Hochdruckpumpe
7 Hochdruck-Kraftstoffleitungen
8 Rail
9 Injektor
10 Kraftstoff-Rückleitung
11 Kraftstofftemperatur-sensor
12 Steuergerät
13 Glühstiftkerze

2 Kraftstoffsystem einer Einspritzanlage mit Common Rail

Die Funktionsweise soll am Beispiel Unit Injector System näher erläutert werden. Der Kraftstoff wird beim Unit Injector System für Pkw meist durch eine Vorförderpumpe (Elektrokraftstoffpumpe EKP; Bild 3, Pos. 2) aus dem Tank in den Niederdruckkreis gefördert. Der Kraftstoff durchfließt zunächst einen Kraftstofffilter und gelangt dann zur Tandempumpe. Diese fördert den Kraftstoff mit erhöhtem Druck zu den Pumpe-Düse-Einheiten (Unit Injector; 5). Der Druck im Vorlauf der Injektoren beträgt 7,5 bar bei 2-Ventil-Motoren und 10,5 bar bei 4-Ventil-Motoren. Im Unit Injector komprimierter, aber für die Einspritzung nicht benötigter Kraftstoff fließt vom Injektor über ein in die Tandempumpe integriertes Druckbegrenzungsventil zurück zum Kraftstoffbehälter. Da dieser Kraftstoff durch die Verdichtung im Injektor erhitzt ist, muss er durch einen Kraftstoffkühler (8) im Rücklauf gekühlt werden.

Im Rücklauf befindet sich zwischen Pumpe und Kraftstoffkühler ein Temperatursensor (6) zur Erfassung der Kraftstoff-temperatur. Da sich mit der Temperatur auch Dichte und Viskosität des Kraftstoffs ändern, muss die Kraftstofftemperatur bei der Berechnung der Parameter der Einspritzung (Einspritzzeitpunkt, Einspritzdauer) berücksichtigt werden. Die Rücklauftemperatur bildet dabei die Temperaturverhältnisse im Unit Injector am besten ab. Zudem dient die Kraftstofftemperatur als Ersatzwert bei defektem Wassertemperaturfühler.

Das Unit Injector System für Nkw (Bild 4) sowie das Unit Pump System (UPS) unterscheiden sich vom UIS für Pkw im Wesentlichen dadurch, dass anstelle der Tandempumpe hier eine Zahnradpumpe (3) die Kraftstoffförderung aus dem Tank in den Niederdruckkreislauf übernimmt. Die im Nkw eingesetzte Zahnradpumpe ist selbstsaugend, sodass keine zusätzliche Elektrokraftstoffpumpe als Vorförderpumpe im Tank benötigt wird. Der Druck im Vorlauf der Injektoren bzw. der Unit Pump liegt bei 2…6 bar. Eine Kühlung des Rücklaufs wird nur bei Bedarf eingesetzt.

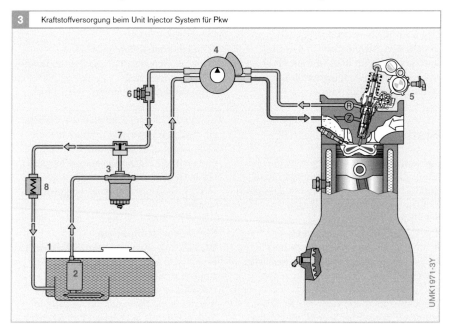

3 Kraftstoffversorgung beim Unit Injector System für Pkw

UMK1971-3Y

Bild 3
1 Kraftstoffbehälter
2 Vorförderpumpe
3 Kraftstofffilter
4 Tandempumpe
5 Unit Injector
6 Kraftstoff-
  temperatursensor
7 Vorwärmventil
8 Kraftstoffkühler

R Rücklauf
Z Zulauf

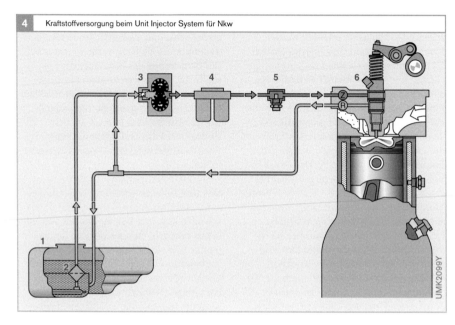

4 Kraftstoffversorgung beim Unit Injector System für Nkw

Bild 4
1 Kraftstoffbehälter
2 Vorfilter
3 Kraftstoffpumpe
4 Kraftstofffilter
5 Kraftstoff-
  temperatursensor
6 Unit Injector
  (oder Unit Pump)

R Rücklauf
Z Zulauf

Der Rücklauf von überschüssigem Kraftstoff aus den Injektoren oder aus den Unit Pumps zurück in den Niederdruckkreislauf erfolgt über ein Überströmventil. Das Überströmventil sitzt direkt am Austritt des Kraftstoffrücklaufs aus dem Motor und regelt den Druck im Niederdrucksystem auf den erforderlichen Zulaufdruck vor den Unit Injectors bzw. Unit Pumps. Es ist als Kegelsitzventil mit einem integrierten Speichervolumen ausgeführt.

Kraftstoffpumpe

Die Aufgabe der Kraftstoffpumpe im Niederdruckteil (Vorförderpumpe) ist es, die Hochdruckkomponenten mit genügend Kraftstoff zu versorgen, und zwar
- in jedem Betriebszustand,
- mit geringem Geräuschniveau,
- mit dem erforderlichen Druck und
- über die gesamte Lebensdauer des Fahrzeugs.

Die Kraftstoffpumpe saugt den Kraftstoff aus dem Kraftstoffbehälter an und fördert

stetig die erforderliche Kraftstoffmenge (Einspritz- und Spülmenge) in Richtung der Hochdruck-Einspritzanlage (60...500 l/h, 300...700 kPa bzw. 3...7 bar). Viele Pumpen entlüften sich selbst, sodass ein Starten auch nach leer gefahrenem Tank möglich ist.
Es gibt drei Bauarten:
- Elektrokraftstoffpumpen (Pkw),
- mechanisch angetriebene Zahnradkraftstoffpumpen und
- Tandemkraftstoffpumpen (UIS, Pkw).

Bei den Axial- und Radialkolben-Verteilereinspritzpumpen sowie teilweise beim Common Rail System ist die Kraftstoffpumpe in die Hochdruckpumpe integriert. Optional kann eine Kraftstoffpumpe zusätzlich als Vorförderpumpe vorgesehen werden.

Elektrokraftstoffpumpe

Die Elektrokraftstoffpumpe (EKP, Bilder 1 und 2) wird nur in Pkw und leichten Nkw eingesetzt. Neben der Förderung des Kraftstoffs hat sie im Rahmen einer Systemüberwachung auch noch die Aufgabe, im Bedarfsfall (z. B. bei Leckage durch Schlauch-

Für die Vorförderung des Kraftstoffs werden bei Common Rail Systemen im Pkw-Bereich zunehmend Elektrokraftstoffpumpen (EKP) eingesetzt. Die EKP wird meist als Intank-Pumpe (im Kraftstoffbehälter), optional aber auch als Inline-Pumpe (in der Zuleitung zur Hochdruckpumpe) eingebaut. Elektrokraftstoffpumpen haben gegenüber den seither eingesetzten mechanisch angetriebenen Vorförderpumpen deutliche Vorteile bezüglich Heiß-, Erst- und Wiederstartverhalten sowie Funktionsvorteile bei niederen Kraftstofftemperaturen.

Die EKP für Dieselanwendungen unterscheidet sich von denen in Otto-Systemen dadurch, dass anstelle des Strömungspumpenelements ein Verdrängerpumpenelement und ein grobmaschigeres Saugsieb zum Einsatz kommt. Bei Bosch-Systemen ist dies ein Rollenzellenpumpenelement.

Dieses System ist besonders robust und schmutzverträglich und für Dieselkraftstoff besonders gut geeignet, da hiermit einerseits die bei Kälte entstehenden Parafine noch durch das Saugsieb angesaugt werden können und andererseits der bei Dieselkraftstoff höhere Verschmutzungsgrad das Pumpenelement noch nicht schädigt.

Die Intank-Pumpe ist in einer Tankeinbaueinheit integriert. Weitere Bestandteile dieser Einheit sind der Tankfüllstandsensor, ein saugseitiges Kraftstoffsieb, Auslaufschutzventile und ein Dralltopf als Kraftstoffreservoir. Im Gegensatz zu Ottokraftstoffsystemen muss der Kraftstofffilter außerhalb des Kraftstoffbehälters angeordnet sein, da er auch zur Abscheidung von Wasser aus dem Kraftstoff dient und zudem ein Filterwechsel ermöglicht werden muss.

platzer) die Kraftstoffförderung zu unterbrechen.

Elektrokraftstoffpumpen gibt es für den Leitungseinbau (Inline) oder den Tankeinbau (Intank). Leitungseinbaupumpen befinden sich außerhalb des Kraftstoffbehälters in der Kraftstoffleitung zwischen Kraftstoffbehälter und Kraftstofffilter an der Bodengruppe des Fahrzeugs. Tankeinbaupumpen dagegen befinden sich im Kraftstoffbehälter selbst in einer speziellen Halterung, die üblicherweise zusätzlich noch ein saugseitiges Kraftstoffsieb, einen Tankfüllstandsensor, einen Dralltopf als Kraftstoffreservoir sowie elektrische und hydraulische Anschlüsse nach außen enthält.

Beginnend mit dem Startvorgang des Motors läuft die Elektrokraftstoffpumpe stetig und unabhängig von der Motordrehzahl. Sie fördert den Kraftstoff kontinuierlich aus dem Kraftstoffbehälter über einen Kraftstofffilter zur Einspritzanlage. Überschüssiger Kraftstoff fließt über ein Überströmventil zum Kraftstoffbehälter zurück.

Eine Sicherheitsschaltung verhindert die Förderung bei eingeschalteter Zündung und

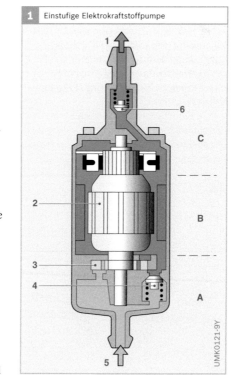

1   Einstufige Elektrokraftstoffpumpe

Bild 1
A   Pumpenelement
B   Elektromotor
C   Anschlussdeckel

1   Druckseite
2   Motoranker
3   Pumpenelement
4   Druckbegrenzer
5   Saugseite
6   Rückschlagventil

UMK0121-9Y

stehendem Motor, um die Batterie zu schonen und Geräusche zu unterdrücken (Komfort). Elektrokraftstoffpumpen bestehen aus den folgenden drei Funktionselementen in einem Gehäuse:

Pumpenelement (Bild 1, Pos. A)
Pumpenelemente gibt es in verschiedenen Ausführungen, da das jeweils angewandte Funktionsprinzip vom Einsatzbereich der Elektrokraftstoffpumpe abhängt. Für Dieselanwendungen sind es meist **R**ollen**z**ellen**p**umpen (RZP).

Die Rollenzellenpumpe (Bild 2) ist eine Verdrängerpumpe. Sie besteht aus einer exzentrisch angeordneten Grundplatte (4), in der eine Nutscheibe (2) rotiert. In jeder Nut befindet sich eine lose geführte Rolle (3). Durch die Fliehkraft bei der Rotation der Nutscheibe und den Kraftstoffdruck werden die Rollen gegen die außen liegende Rollenbahn und die treibenden Flanken der Nuten gedrückt. Die Rollen wirken dabei als umlaufende Dichtungen. So bildet sich zwischen je zwei Rollen der Nutscheibe und der Rollenlaufbahn eine Kammer. Die Pumpwirkung kommt dadurch zustande, dass sich das Kammervolumen nach Abschließen der nierenförmigen Zulauföffnung (1) kontinuierlich verkleinert.

Elektromotor (Bild 1, Pos. B)
Der Elektromotor besteht aus einem Permanentmagnetsystem und einem Anker (2).

Seine Auslegung hängt von der gewünschten Fördermenge bei gegebenem Systemdruck ab. Der Elektromotor wird ständig vom Kraftstoff umströmt und damit fortwährend gekühlt. Dadurch lässt sich eine hohe Motorleistung ohne aufwändige Dichtelemente zwischen Pumpenelement und Elektromotor erzielen.

Anschlussdeckel (Bild 1, Pos. C)
Der Anschlussdeckel enthält die elektrischen Anschlüsse und den druckseitigen hydraulischen Anschluss. Ein Rückschlagventil (6) verhindert, dass sich die Kraftstoffleitungen nach dem Abschalten der Kraftstoffpumpe

Bild 2
1 Saugseite (Zulauf)
2 Nutscheibe
3 Rolle
4 Grundplatte
5 Druckseite

Bild 3
Parameter: Förderdruck
a Förderleistung bei Niederspannung
b Förderleistung in Abhängigkeit der Spannung im Normalbetrieb
c Wirkungsgrad in Abhängigkeit der Spannung

1 bei 200 kPa
2 bei 250 kPa
3 bei 300 kPa
4 bei 350 kPa
5 bei 400 kPa
6 bei 450 kPa
7 bei 450 kPa
8 bei 500 kPa
9 bei 550 kPa
10 bei 600 kPa

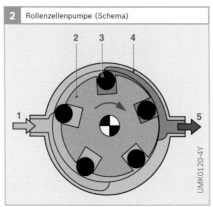

2 Rollenzellenpumpe (Schema)

UMK0120-4Y

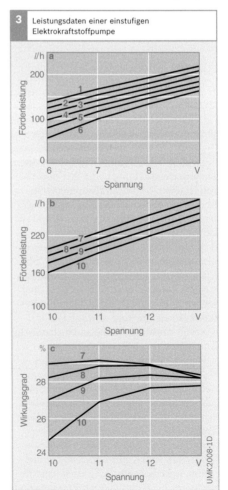

3 Leistungsdaten einer einstufigen Elektrokraftstoffpumpe

UMK2008-1D

entleeren. Zusätzlich können im Anschluss-deckel Entstörmittel integriert sein.

Bild 3 zeigt die Leistungsdaten (Förderleistung, Wirkungsgrad) einer einstufigen Elektrokraftstoffpumpe.

Zahnradkraftstoffpumpe

Die Zahnradkraftstoffpumpe (Bilder 4 und 6) wird in Einzelpumpensystemen (Nkw) und im Common Rail System (Pkw, Nkw und Geländefahrzeuge) eingesetzt. Sie ist direkt am Motor befestigt oder in der Hochdruckpumpe integriert. Der Antrieb erfolgt über Kupplung, Zahnrad oder Zahnriemen.

Die wesentlichen Bauelemente sind zwei miteinander kämmende, gegenläufig drehende Zahnräder, die den Kraftstoff in den Zahnlücken von der Saugseite (Bild 6, Pos. 1) zur Druckseite (5) fördern. Die Berührungslinie der Zahnräder dichtet zwischen Saugseite und Druckseite ab und verhindert, dass der Kraftstoff zurückfließen kann.

Die Fördermenge ist annähernd proportional zur Motordrehzahl. Deshalb erfolgt eine Mengenregelung entweder durch Drosselregelung auf der Saugseite oder durch ein Überströmventil auf der Druckseite (Bild 5).

Die Zahnradkraftstoffpumpe arbeitet wartungsfrei. Zur Entlüftung des Kraftstoffsystems beim Erststart oder nachdem der Kraftstoffbehälter leer gefahren wurde, kann eine Handpumpe entweder direkt an die Zahnradkraftstoffpumpe oder an die Niederdruckleitung angebaut sein.

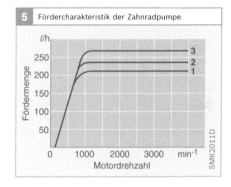

5 Fördercharakteristik der Zahnradpumpe

Bild 5
Druck am Pumpenausgang: 8 bar

Parameter: Saugseitiger Druck am Pumpeneingang
1   500 mbar
2   600 mbar
3   700 mbar

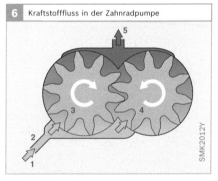

6 Kraftstofffluss in der Zahnradpumpe

Bild 6
1   Saugseite (Kraftstoffzulauf)
2   Saugdrossel
3   Primärzahnrad (Antriebszahnrad)
4   Sekundärzahnrad
5   Druckseite

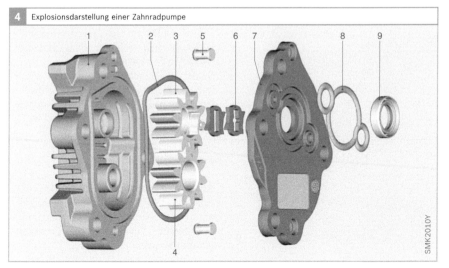

4 Explosionsdarstellung einer Zahnradpumpe

Bild 4
1   Pumpengehäuse
2   O-Ring-Dichtung
3   Primärzahnrad
4   Sekundärzahnrad
5   Niet
6   Kupplungsstück
7   Deckel
8   Formdichtring
9   Wellendichtung

Innenzahnradpumpe

Bei der Innenzahnradpumpe (Bild 7) erfolgt die Kraftstoffförderung durch zwei ineinanderliegende Zahnräder. Das kleinere, innenliegende Zahnrad treibt ein größeres, exzentrisch angeordnetes, innenverzahntes, außenliegendes Zahnrad an. Die miteinander kämmenden Zahnräder saugen den Kraftstoff an, komprimieren ihn und fördern ihn zur Druckseite. Die Berührungslinie der Zahnräder dichtet zwischen Saugseite und Druckseite ab. Der Antrieb erfolgt über den Rotor der Vakuumpumpe, die in die Tandempumpe integriert ist. Der Rotor wird seinerseits durch die Nockenwelle angetrieben.

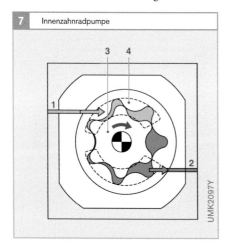

Bild 7
1 Saugöffnung
2 Auslass
3 innenliegendes, außenverzahntes Zahnrad
4 außenliegendes, innenverzahntes Zahnrad

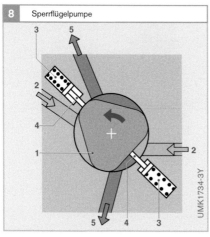

Bild 8
1 Rotor
2 Saugseite (Zulauf)
3 Feder
4 Sperrflügel
5 Druckseite

Sperrflügelpumpe

Bei der Sperrflügelpumpe (Bild 8) pressen Federn (3) zwei Sperrflügel (4) gegen einen Rotor (1). Dreht sich der Rotor, vergrößert sich das Volumen auf der Saugseite (2) und Kraftstoff wird in zwei Kammern angesaugt. Auf der Druckseite (5) verkleinert sich das Volumen, und der Kraftstoff wird aus zwei Kammern gefördert.

Tandempumpe

Die beim Unit Injector System eingesetzte Tandempumpe (Bild 9) ist eine Baueinheit, die die Kraftstoffpumpe sowie die Vakuumpumpe für den Bremskraftverstärker umfasst. Sie ist am Zylinderkopf des Motors angebracht und wird direkt von der Motornockenwelle angetrieben.

Als Kraftstoffpumpe wird dabei eine Innenzahnradpumpe oder eine Sperrflügelpumpe eingesetzt. In die Kraftstoffpumpe sind verschiedene Ventile und Drosseln integriert:

Druckbegrenzungsventil im Vorlauf (3):
Das Druckbegrenzungsventil begrenzt den maximalen Druck im Hochdruckteil auf 7,5 bar bei 2-Ventil-Motoren und auf 10,5 bar bei 4-Ventil-Motoren.
Druckbegrenzungsventil im Rücklauf (10):
Der Rücklaufdruck wird über ein Druckbegrenzungsventil mit einem Öffnungsdruck von 0,7 bar eingestellt.
Drossel (7): Die am Sieb (4) abgeschiedene Luft steigt nach oben und gelangt über die Drossel in den Rücklauf.
Bypass (9): Ist Luft im Kraftstoffsystem (z. B. durch leer gefahrenen Kraftstoffbehälter), so bleibt das Niederdruckventil geschlossen. Die Luft, die überwiegend an dem Sieb abgeschieden wird, wird vom nachfließenden Kraftstoff über den Bypass aus dem System gedrückt.

An der Kraftstoffpumpe befindet sich ein Anschluss (Service-Bohrung; 5), über den der Kraftstoffdruck im Vorlauf und damit das fehlerfreie Funktionieren der Kraftstoffpumpe überprüft werden kann.

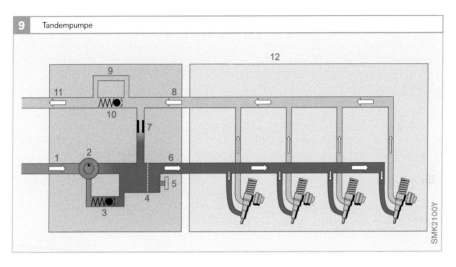

9 Tandempumpe

Bild 9
1 Kraftstoffzulauf
2 Innenzahnradpumpe
3 Druckbegrenzungs-
   ventil
4 Sieb
5 Service-Bohrung
6 zum Unit Injector
7 Drossel
8 Rücklauf vom
   Unit Injector
9 Bypass
10 Druckbegrenzungs-
   ventil
11 Rücklauf zum Tank
12 Motor

Kraftstofffilter

Aufgaben und Anforderungen

Zum Schutz des Einspritzsystems nimmt der Kraftstofffilter Verunreinigungen aus dem Kraftstoff auf und speichert sie dauerhaft. Die Lebensdauerauslegung des Einspritzsystems kann nur durch eine Mindestreinheit des Kraftstoffs sichergestellt werden. Partikel im Kraftstoff können die Einspritzanlage durch Erosion schädigen, freies Wasser kann zu Korrosion an Metalloberflächen führen.

Aufbau

Als Filtermedium werden spezielle Mikrofaserpapiere mit Harzimprägnierung eingesetzt, auf die eine zusätzliche Kunstfaserschicht (Meltblown) aufgebracht ist. Die Porosität und die Porenverteilung des Filterpapiers bestimmen den Schmutzabscheidegrad und den Durchflusswiderstand des Filters.

Das Filtermedium wird in einer bestimmten Geometrie in ein Gehäuse eingebaut. Beim Wickelfilter wird ein geprägtes Filterpapier in zahlreichen Lagen um ein Stützrohr gewickelt.

Beim Sternfilter (Bild 1) wird das Filterpapier sternförmig in das Gehäuse einge-

setzt. Der verunreinigte Kraftstoff durchfließt den Filter von außen nach innen.

Partikelfilterung

Die Reduzierung von Partikelverunreinigungen ist eine der Aufgaben des Kraftstofffilters. Somit werden die verschleißgefährdeten Komponenten des Einspritzsystems geschützt. Das Einspritzsystem gibt die erforderliche Filterfeinheit vor. Neben der Sicherstellung des Verschleißschutzes müssen Kraftstofffilter auch eine ausreichende Partikelspeicherkapazität aufweisen,

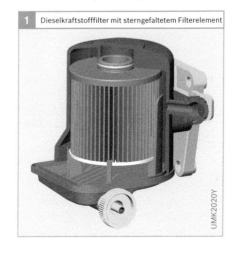

1 Dieselkraftstofffilter mit sterngefaltetem Filterelement

▶ Filtrierung des Dieselkraftstoffs

Besonderheiten des Dieselkraftstoffs

Dieselkraftstoff ist gegenüber Ottokraftstoff stärker verschmutzt, enthält emulgiertes und freies Wasser sowie Paraffin, das den Kraftstofffilter im Winterbetrieb verstopfen kann. Wegen dieser Kraftstoffbestandteile und den gegenüber Otto-Einspritzsystemen wesentlich höheren Einspritzdrücken erfordern Diesel-Einspritzsysteme einen erhöhten Verschleißschutz, besonders feine Kraftstofffilter und Maßnahmen gegen ein Verstopfen.

Begleitstoffe im Dieselkraftstoff

Verunreinigungen

Untersuchungen verschmutzter Filterelemente haben ergeben, dass im Kraftstoff Rost, Wasser, organische Stoffe (z. B. Harze), Gemische aus Fasern, mineralische Bestandteile (Staub, Sand) und metallischer Abrieb enthalten sein können. Diese Verunreinigungen können z. B. durch unsachgemäße Lagerung des Kraftstoffs, über die Belüftung des Kraftstoffbehälters oder auch vom Kraftstoffbehälter selbst (losgelöste Rostteilchen usw.) in den Kraftstoff gelangen. Von Einfluss ist auch die jeweilige Einsatzart des Fahrzeugs (Betrieb auf befestigten Straßen, im Gelände oder Baustelleneinsatz). Besonders harte Fremdkörper verursachen, wenn sie an die kritischen Stellen der Einspritzausrüstung gelangen, den stärksten Verschleiß. Organische Alterungsstoffe oder auch Paraffinausscheidung, die bei Verwendung von Sommer-Dieselkraftstoff in der kalten Jahreszeit auftreten kann, verstopfen den Filterwerkstoff innerhalb kurzer Zeit.

Wasser

Dieselkraftstoff kann Wasser in gebundener (emulgierter) oder ungebundener (freier) Form enthalten. Freies Wasser entsteht z. B. durch Kondenswasserbildung infolge von starken Temperaturwechseln. Würde es zur Einspritzanlage gelangen, könnte es zu Schäden durch Korrosion führen. Moderne Filtermedien veranlassen eine optimale Trennung des Wassers vom Kraftstoff. Die Wasserabscheidung findet auf der Schmutzseite des Filters statt. Das Filtermedium besteht aus einer äußeren Schicht (Meltblown) und einer inneren Schicht (Zellulose mit Harz). Zunächst sammeln sich die Wassertröpfchen aufgrund des Koaleszenzeffekts im äußeren Teil des Filtermediums, sodass größere Teilchen entstehen. Anschließend werden diese Wassertropfen durch die hydrophoben Eigenschaften der mit Harz imprägnierten Zellulose auf der Schmutzseite des Filters abgeschieden. Das abgeschiedene Wasser wird im unteren Teil des Filters (Wasserkammer) gesammelt und kann von dort abgelassen werden.

Paraffin

Das im Dieselkraftstoff enthaltene Paraffin beginnt in ungünstigen Fällen schon bei ca. 0 °C oder darüber in Form von Kristallen auszuscheiden. Diese können mit sinkenden Temperaturen zum Verstopfen des Kraftstofffilters und dadurch zur Unterbrechung der Kraftstoffzufuhr führen. Daher muss der Dieselkraftstoff für den Winterbetrieb besonders aufbereitet werden. Im Normalfall erhält er in der Raffinerie einen Zusatz von „Fließverbesserern", die zwar die Ausscheidung der Paraffine nicht verhindern, aber deren Kristallwachstum sehr stark einschränken. Die dabei entstehenden Kriställchen sind so klein, dass sie die Filterporen noch passieren können. Ein Zusatz weiterer Additive kann bewirken, dass diese Kriställchen in Schwebe gehalten werden, sodass sich die Grenze der Filtrierbarkeit weiter senken lässt.

Die europäische Norm EN 590 definiert verschiedenen Klassen der Kältefestigkeit. Dieselkraftstofffilter der neuen Generation verfügen u. a. auch über eine elektrische Kraftstoffvorwärmung zum Verhindern der Verstopfung mit Paraffin im Winterbetrieb. Die früher gelegentlich praktizierte (aber auch umstrittene) Zumischung von etwas Benzin oder Petroleum zum Dieselkraftstoff zur Verbesserung seiner Kältefestigkeit ist deshalb nicht mehr notwendig und nicht zulässig.

da sie sonst vor Ende des Wechselintervalls verstopfen können. In diesem Fall sinkt die Kraftstofffördermenge und damit auch die Motorleistung. Der Einbau eines für das jeweilige Einspritzsystem maßgeschneiderten Kraftstofffilters ist unabdingbar. Die Verwendung von ungeeigneten Filtern hat bestenfalls unangenehme, im schlimmsten Fall aber sehr teure Konsequenzen (Erneuerung von Komponenten bis hin zum gesamten Einspritzsystem).

Dieselkraftstoff ist gegenüber Ottokraftstoff stärker verschmutzt. Aus diesem Grund und auch wegen der viel höheren Einspritzdrücke benötigen Diesel-Einspritzsysteme einen gegenüber Otto-Einspritzsystemen erhöhten Verschleißschutz und damit höhere Filtrierungskapazität und längere Standzeit. Dieselkraftstofffilter sind daher als Wechselfilter ausgelegt.

Die Anforderungen an die Filterfeinheit sind in den letzten Jahren mit Einführung von weiterentwickelten Einspritzsystemen (Common Rail, Unit Injector) für Pkw und Nkw nochmals gestiegen. Für die neuen Systeme sind je nach Einsatzfall (Betriebsbedingungen, Kraftstoffkontamination, Motorstandzeit) Abscheidegrade zwischen 65 % und 98,6 % (Partikelgröße 3 bis 5 μm, ISO/TR 13353:1994) erforderlich. Neben der hohen Feinstpartikel-Abscheidung wird im Zuge verlängerter Wartungsintervalle in neueren Automobilen auch eine erhöhte Partikelspeicherkapazität gefordert.

Wasserabscheidung

Eine weitere Funktion des Dieselkraftstofffilters ist die Abscheidung von emulgiertem und ungelöstem Wasser aus dem Kraftstoff zur Vermeidung von Korrosionsschäden. Es ist ein Wasserabscheidegrad von ≥ 93 % (DIN ISO 4020) erforderlich.

Der tatsächliche Abscheidegrad im Betrieb kann jedoch beeinträchtigt werden
- durch eine erhöhte Kraftstoff-Durchflussmenge,
- durch Additive im Kraftstoff,
- durch den Einsatz einer Vorförderpumpe vor dem Filter (das Wasser wird feiner

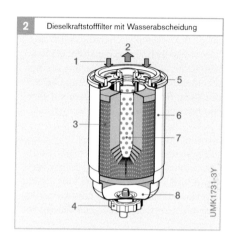

2 Dieselkraftstofffilter mit Wasserabscheidung

UMK1731-3Y

Bild 2
1 Zulauf
2 Ablauf
3 Filterelement
4 Wasser-
  ablassschraube
5 Deckel
6 Gehäuse
7 Stützrohr
8 Wasser-
  speicherraum

emulgiert und infolgedessen weniger gut abgeschieden).

Die im Kraftstoff mitgeführten, feinstverteilten Wassertröpfchen setzen sich auf dem Meltblown ab und fließen zu größeren Tröpfchen zusammen (Koaleszenzeffekt). Da Wasser eine größere Dichte als Kraftstoff hat, sinken die Wassertröpfchen auf den Boden des Filters in den Wassersammelraum. Dort wird der Wasserstand durch einen Sensor erfasst. Das Wasser wird über eine Ablassschraube abgelassen (Bild 2).

Ausführungen

Die Filterwahl muss je nach verwendetem Einspritzsystem und nach Einsatzbedingungen sorgfältig getroffen werden.

Hauptfilter

Der Diesel-Kraftstofffilter ist in der Regel im Niederdruckkreislauf zwischen Elektrokraftstoffpumpe und Hochdruckpumpe im Motorraum angeordnet.

Weit verbreitet sind Anschraub-Wechselfilter (Bild 2), Inline-Filter sowie metallfreie Filterelemente als Wechselteil in Filtergehäusen aus Aluminium, Vollkunststoff oder Stahlblech (für erhöhte Crash-Anforderungen). Bei diesen Filtern wird nur der Filtereinsatz gewechselt. Es werden bevorzugt sterngefaltete Filterelemente verwendet (Bild 1).

Auch der Anbau von zwei Filtern ist möglich. Die Parallelschaltung ergibt eine höhere Partikelspeicherkapazität, die Reihenschaltung führt zur Steigerung des Abscheidegrads. Die Reihenschaltung kann mit Stufenfiltern oder Feinfiltern mit abgestimmtem Vorfilter realisiert werden.

Vorfilter für Vorförderpumpen

Für besonders hohe Anforderungen ist der Einsatz eines zusätzlichen saug- oder druckseitig angebrachten Vorfilters mit auf den Hauptfilter (Feinfilter) angepasster Filterfeinheit vorteilhaft. Vorfilter werden vor allem für Nkw in Ländern mit schlechter Dieselkraftstoffqualität eingesetzt. Sie sind meist als Siebfilter mit einer Maschenweite von 300 µm ausgeführt.

Wasserabscheider

Die Wasserabscheidung erfolgt vom Filtermedium durch den Repellenteffekt (Tröpfchenbildung durch unterschiedliche Oberflächenspannung von Wasser und Kraftstoff). Das abgeschiedene Wasser sammelt sich im Wasserraum im unteren Teil des Filtergehäuses. Zur Überwachung des Wasserstandes werden z. T. Leitfähigkeitssensoren eingesetzt. Entwässert wird manuell über eine Wasserablassschraube oder einen Druckknopfschalter. Vollautomatische Wasserentsorgungssysteme sind derzeit noch in der Entwicklung.

Filtermedien

Die erhöhten Anforderungen an Kraftstofffilter für Motoren der neuen Generationen erfordern den Einsatz spezieller, aus mehreren synthetischen Schichten und Cellulose bestehender Filtermedien. Diese Filtermedien nutzen einen Vorfeinfiltereffekt und garantieren eine maximale Partikelspeicherfähigkeit durch Abscheidung der Partikel innerhalb der jeweiligen Filterlage.

Auch der Betrieb mit Biodiesel (Fatty Acid Methyl Ester, FAME) muss mit der neuen Kraftstofffiltergeneration ermöglicht werden. Biodiesel hat einen größeren Anteil an freiem Wasser, dessen Vermischung mit dem Biokraftstoff zu feinen Emulsionen führt. Das bedeutet höhere Filteranforderungen (Filtermedium, Design usw.) für die Wasserabscheidung. Außerdem kann die höhere Konzentration organischer Partikel zu geringeren Filterstandzeiten führen.

Filtergehäuse, Dichtungen, usw. müssen gegenüber Biodiesel beständig sein. Neue Dichtungswerkstoffe werden benutzt und die bisher verwendeten Gehäusebeschichtungen aus Werkstoffen wie Zink oder Kupfer müssen durch biodieselbeständige Beschichtungen ersetzt werden.

Zusatzfunktionen

Moderne Filtermodule integrieren modulare Zusatzfunktionen wie
- Kraftstoffvorwärmung: sie erfolgt elektrisch, durch das Kühlwasser oder über die Kraftstoffrückführung und verhindert im Winterbetrieb das Verstopfen der Filterporen durch Paraffinkristalle.
- Wartungsanzeige über eine Differenzdruckmessung.
- Befüll- und Entlüftungsvorrichtungen: die Befüllung und Entlüftung des Kraftstoffsystems nach einem Filterwechsel erfolgt per Handpumpe. Sie ist meist im Filterdeckel integriert.

Filtermechanismen

Die Reinigungswirkung des Kraftstofffilters beruht zum Teil auf dem Siebeffekt, d.h. darauf, dass die Schmutzpartikel aufgrund ihrer Größe die kleinen Poren des Filtermediums nicht passieren können. Doch auch Partikel, die so klein sind, dass sie zwischen den einzelnen Fasern des Filtermediums hindurchgespült werden können, werden am Filter abgeschieden. Sie bleiben im Innern des Filtermediums an einzelnen Fasern haften. Dabei unterscheidet man drei Mechanismen:

Beim Sperreffekt werden die Partikel mit der Kraftstoffströmung um die Faser herum gespült, berühren diese jedoch am Rand und werden durch Van-der-Waals-Kräfte dort gehalten. Dies funktioniert umso besser, je näher ein Partikel an einer Filterfaser vorbeizieht. Kraftstoff- und Ölfilterung beruhen in erster Linie auf diesem Effekt.

Andere Partikel folgen aufgrund ihrer Massenträgheit nicht dem Kraftstoffstrom um die Filterfaser, sondern stoßen frontal auf sie (Trägheits- oder Aufpralleffekt). Je schwerer und schneller ein Partikel ist, desto eher kann es durch diesen Effekt aus dem Kraftstoff herausgefiltert werden.

Beim Diffusionseffekt berühren sehr kleine Partikel aufgrund ihrer Eigenbewegung, der Brown'schen Molekularbewegung, zufällig eine Filterfaser, an der sie haften bleiben. Dieser Effekt ist nur bei Partikeln wirksam, die kleiner sind als ca. 0,5 μm.

Van-der-Waals-Kraft

Die Van-der-Waals-Kraft beruht auf der Anziehungskraft zwischen elektrischen Dipolen. Durch eine ungleichmäßige Verteilung der freien Elektronen eines Moleküls kann dieses vorübergehend auf der einen Seite eine positive, auf der anderen Seite eine negative Partialladung aufweisen. Das Molekül bildet so einen temporären Dipol, der eine Anziehungskraft auf andere Moleküle mit ungleichmäßiger Ladungsverteilung ausübt.

Die Van-der-Waals-Kraft zwischen zwei Molekülen ist äußerst schwach. Dennoch hält sie nicht nur Schmutzpartikel im Kraftstofffilter, sondern auch den Gecko an der Decke: Seine Füße sind mit Millionen feinster Härchen bewachsen – diese ergeben zusammen eine so enorme Kontaktfläche mit dem Untergrund, dass alleine intermolekulare Kräfte den Gecko halten können.

SAN01211Y

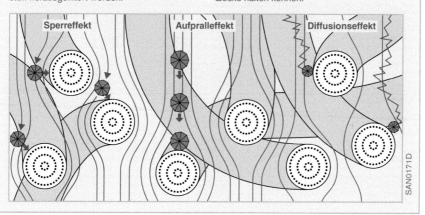

SAN0171D

Elektronische Dieselregelung EDC

**Die elektronische Steuerung des Diesel-
motors erlaubt eine exakte und differen-
zierte Gestaltung der Einspritzgrößen.
Nur so können die vielen Anforderungen
erfüllt werden, die an einen modernen
Dieselmotor gestellt werden. Die „Elektronische Dieselregelung" EDC (Electronic Diesel Control) wird in die drei
Systemblöcke „Sensoren und Sollwertgeber", „Steuergerät" und „Stellglieder
(Aktoren)" unterteilt.**

Systemübersicht

Anforderungen

Die Senkung des Kraftstoffverbrauchs und
der Schadstoffemissionen (NO$_X$, CO, HC,
Partikel) bei gleichzeitiger Leistungsstei-
gerung bzw. Drehmomenterhöhung der
Motoren bestimmt die aktuelle Entwicklung auf dem Gebiet der Dieseltechnik.
Dies führte in den letzten Jahren zu einem
erhöhten Einsatz von direkt einspritzenden Dieselmotoren (DI), bei denen die Einspritzdrücke gegenüber den indirekt einspritzenden Motoren (IDI) mit Wirbelkam-
mer- oder Vorkammerverfahren deutlich
höher sind. Aufgrund der besseren Gemischbildung und fehlender Überström-
verluste zwischen Vorkammer bzw. Wirbel-

kammer und dem Hauptbrennraum ist
der Kraftstoffverbrauch der direkt einspritzenden Motoren gegenüber indirekt
einspritzenden um 10...20 % reduziert.

Weiterhin wirken sich die hohen Ansprüche an den Fahrkomfort auf die Entwicklung moderner Dieselmotoren aus. Auch
an die Geräuschemissionen werden immer
höhere Forderungen gestellt.
  Daraus ergaben sich gestiegene Ansprüche an das Einspritzsystem und
dessen Regelung in Bezug auf:
▶ hohe Einspritzdrücke,
▶ Einspritzverlaufsformung,
▶ Voreinspritzung und gegebenenfalls
  Nacheinspritzung,
▶ an jeden Betriebszustand angepasste(r)
  Einspritzmenge, Ladedruck und Spritzbeginn,
▶ temperaturabhängige Startmenge,
▶ lastunabhängige Leerlaufdrehzahlregelung,
▶ geregelte Abgasrückführung,
▶ Fahrgeschwindigkeitsregelung sowie
▶ geringe Toleranzen der Einspritzzeit
  und -menge und hohe Genauigkeit während der gesamten Lebensdauer (Lang-
  zeitverhalten).

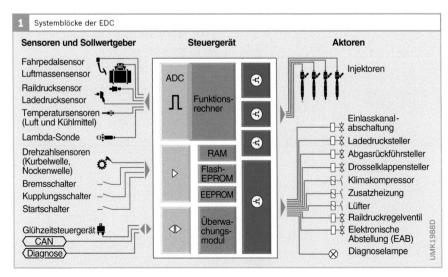

1 Systemblöcke der EDC

Sensoren und Sollwertgeber	Steuergerät	Aktoren
Fahrpedalsensor	ADC	Injektoren
Luftmassensensor		
Raildrucksensor	Funktions-	
Ladedrucksensor	rechner	Einlasskanal-abschaltung
Temperatursensoren (Luft und Kühlmittel)		Ladedrucksteller
Lambda-Sonde		Abgasrückführsteller
Drehzahlsensoren (Kurbelwelle, Nockenwelle)	RAM	Drosselklappensteller
Bremsschalter	Flash-EPROM	Klimakompressor
Kupplungsschalter	EEPROM	Zusatzheizung
Startschalter		Lüfter
		Raildruckregelventil
Glühzeitsteuergerät	Überwa-chungs-modul	Elektronische Abstellung (EAB)
CAN		Diagnoselampe
Diagnose		

UMK1988D

Die herkömmliche mechanische Drehzahlregelung erfasst mit diversen Anpassvor-richtungen die verschiedenen Betriebszustände und gewährleistet eine hohe Qualität der Gemischaufbereitung. Sie beschränkt sich allerdings auf einen einfachen Regelkreis am Motor und kann verschiedene wichtige Einflussgrößen nicht bzw. nicht schnell genug erfassen.

Die EDC entwickelte sich mit den steigenden Anforderungen vom einfachen System mit elektrisch angesteuerter Stellwelle zu einer komplexen elektronischen Motorsteuerung, die eine Vielzahl von Daten in Echtzeit verarbeiten kann. Sie kann Teil eines elektronischen Fahrzeuggesamtsystems sein (Drive by wire). Durch die zunehmende Integration der elektronischen Komponenten kann die komplexe Elektronik auf engstem Raum untergebracht werden.

Arbeitsweise

Die Elektronische Dieselregelung (EDC) ist durch die in den letzten Jahren stark gestiegene Rechenleistung der verfügbaren Mikrocontroller in der Lage, die zuvor genannten Anforderungen zu erfüllen.

Im Gegensatz zu Dieselfahrzeugen mit konventionellen mechanisch geregelten Einspritzpumpen hat der Fahrer bei einem EDC-System keinen direkten Einfluss auf die eingespritzte Kraftstoffmenge, z. B. über das Fahrpedal und einen Seilzug. Die Einspritzmenge wird vielmehr durch verschiedene Einflussgrößen bestimmt. Dies sind z. B.:
▸ Fahrerwunsch (Fahrpedalstellung),
▸ Betriebszustand,
▸ Motortemperatur,
▸ Eingriffe weiterer Systeme (z. B. ASR),
▸ Auswirkungen auf die Schadstoffemissionen usw.

Die Einspritzmenge wird aus diesen Einflussgrößen im Steuergerät errechnet. Auch der Einspritzzeitpunkt kann variiert werden. Dies bedingt ein umfangreiches Überwachungskonzept, das auftretende Abweichungen erkennt und gemäß der Auswirkungen entsprechende Maßnahmen einleitet (z. B. Drehmomentbegrenzung oder Notlauf im Leerlaufdrehzahlbereich). In der EDC sind deshalb mehrere Regelkreise enthalten.

Die Elektronische Dieselregelung ermöglicht auch einen Datenaustausch mit anderen elektronischen Systemen wie z. B. Antriebsschlupfregelung (ASR), Elektronische Getriebesteuerung (EGS) oder Fahrdynamikregelung mit dem Elektronischen Stabilitätsprogramm (ESP). Damit kann die Motorsteuerung in das Fahrzeug-Gesamtsystem integriert werden (z. B. Motormomentreduzierung beim Schalten des Automatikgetriebes, Anpassen des Motormoments an den Schlupf der Räder, Freigabe der Einspritzung durch die Wegfahrsperre usw.).

Das EDC-System ist vollständig in das Diagnosesystem des Fahrzeugs integriert. Es erfüllt alle Anforderungen der OBD (On-Board-Diagnose) und EOBD (European OBD).

Systemblöcke

Die Elektronische Dieselregelung (EDC) gliedert sich in drei Systemblöcke (Bild 1):

1. Sensoren und Sollwertgeber erfassen die Betriebsbedingungen (z. B. Motordrehzahl) und Sollwerte (z. B. Schalterstellung). Sie wandeln physikalische Größen in elektrische Signale um.

2. Das Steuergerät verarbeitet die Informationen der Sensoren und Sollwertgeber nach bestimmten mathematischen Rechenvorgängen (Steuer- und Regelalgorithmen). Es steuert die Stellglieder mit elektrischen Ausgangssignalen an. Ferner stellt das Steuergerät die Schnittstelle zu anderen Systemen und zur Fahrzeugdiagnose her.

3. Stellglieder (Aktoren) setzen die elektrischen Ausgangssignale des Steuergeräts in mechanische Größen um (z. B. das Magnetventil für die Einspritzung).

Common Rail System für Pkw

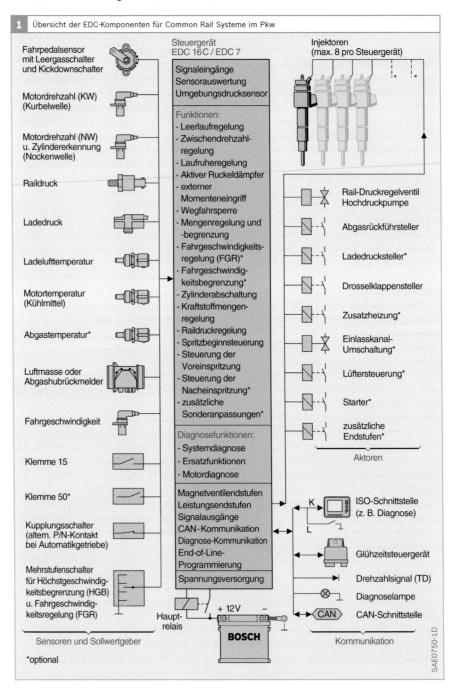

1 Übersicht der EDC-Komponenten für Common Rail Systeme im Pkw

Common Rail System für Nkw

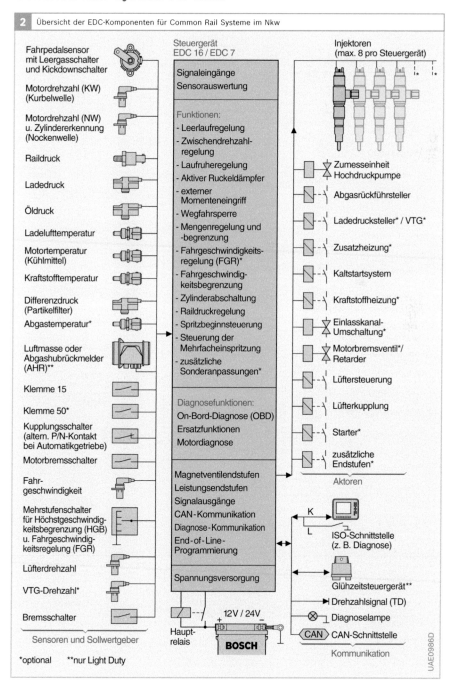

2 Übersicht der EDC-Komponenten für Common Rail Systeme im Nkw

Unit Injector System UIS für Pkw

2 Übersicht der EDC-Komponenten für Unit Injector Systeme im Pkw

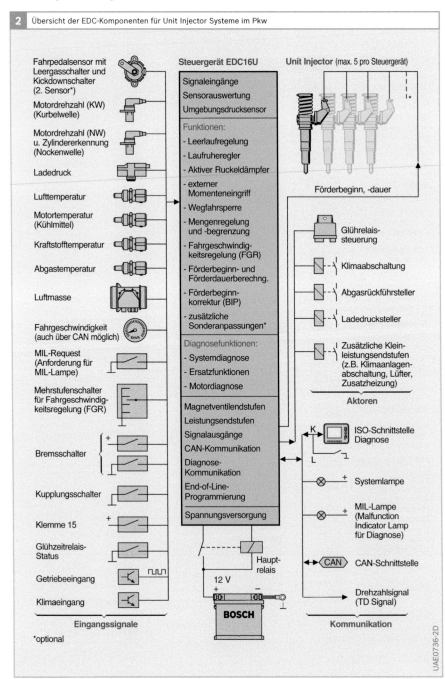

Fahrpedalsensor mit
Leergasschalter und
Kickdownschalter
(2. Sensor*)

Motordrehzahl (KW)
(Kurbelwelle)

Motordrehzahl (NW)
u. Zylindererkennung
(Nockenwelle)

Ladedruck

Lufttemperatur

Motortemperatur
(Kühlmittel)

Kraftstofftemperatur

Abgastemperatur

Luftmasse

Fahrgeschwindigkeit
(auch über CAN möglich)

MIL-Request
(Anforderung für
MIL-Lampe)

Mehrstufenschalter
für Fahrgeschwindig-
keitsregelung (FGR)

Bremsschalter

Kupplungsschalter

Klemme 15

Glühzeitrelais-
Status

Getriebeeingang

Klimaeingang

Eingangssignale

*optional

Steuergerät EDC16U

Signaleingänge
Sensorauswertung
Umgebungsdrucksensor

Funktionen:
- Leerlaufregelung
- Laufruheregler
- Aktiver Ruckeldämpfer
- externer
  Momenteneingriff
- Wegfahrsperre
- Mengenregelung
  und -begrenzung
- Fahrgeschwindig-
  keitsregelung (FGR)
- Förderbeginn- und
  Förderdauerberechng.
- Förderbeginn-
  korrektur (BIP)
- zusätzliche
  Sonderanpassungen*

Diagnosefunktionen:
- Systemdiagnose
- Ersatzfunktionen
- Motordiagnose

Magnetventilendstufen
Leistungsendstufen
Signalausgänge
CAN-Kommunikation
Diagnose-
Kommunikation
End-of-Line-
Programmierung

Spannungsversorgung

Haupt-
relais

12 V

BOSCH

Unit Injector (max. 5 pro Steuergerät)

Förderbeginn, -dauer

Glührelais-
steuerung

Klimaabschaltung

Abgasrückführsteller

Ladedrucksteller

Zusätzliche Klein-
leistungsendstufen
(z.B. Klimaanlagen-
abschaltung, Lüfter,
Zusatzheizung)

Aktoren

ISO-Schnittstelle
Diagnose

Systemlampe

MIL-Lampe
(Malfunction
Indicator Lamp
für Diagnose)

CAN-Schnittstelle

Drehzahlsignal
(TD Signal)

Kommunikation

UAE0736-2D

Unit Injector System UIS
und Unit Pump System UPS für Nkw

3 Übersicht der EDC-Komponenten für Unit Injector System und Unit Pump System im Nkw

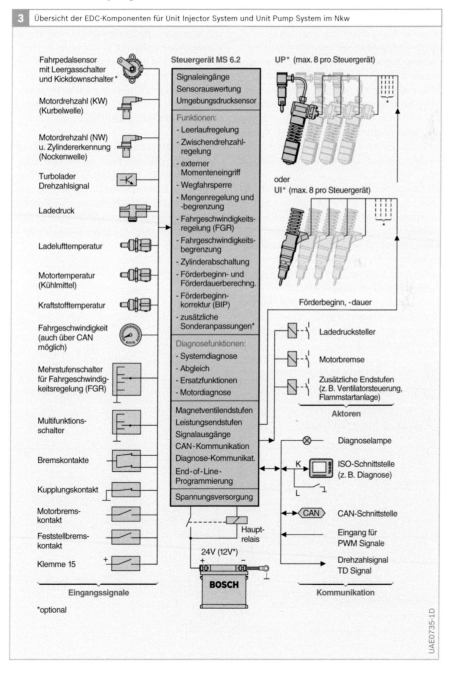

Fahrpedalsensor
mit Leergasschalter
und Kickdownschalter*

Motordrehzahl (KW)
(Kurbelwelle)

Motordrehzahl (NW)
u. Zylindererkennung
(Nockenwelle)

Turbolader
Drehzahlsignal

Ladedruck

Ladelufttemperatur

Motortemperatur
(Kühlmittel)

Kraftstofftemperatur

Fahrgeschwindigkeit
(auch über CAN
möglich)

Mehrstufenschalter
für Fahrgeschwindig-
keitsregelung (FGR)

Multifunktions-
schalter

Bremskontakte

Kupplungskontakt

Motorbrems-
kontakt

Feststellbrems-
kontakt

Klemme 15

Eingangssignale

*optional

Steuergerät MS 6.2

Signaleingänge
Sensorauswertung
Umgebungsdrucksensor

Funktionen:
- Leerlaufregelung
- Zwischendrehzahl-
  regelung
- externer
  Momenteneingriff
- Wegfahrsperre
- Mengenregelung und
  -begrenzung
- Fahrgeschwindigkeits-
  regelung (FGR)
- Fahrgeschwindigkeits-
  begrenzung
- Zylinderabschaltung
- Förderbeginn- und
  Förderdauerberechng.
- Förderbeginn-
  korrektur (BIP)
- zusätzliche
  Sonderanpassungen*

Diagnosefunktionen:
- Systemdiagnose
- Abgleich
- Ersatzfunktionen
- Motordiagnose

Magnetventilendstufen
Leistungsendstufen
Signalausgänge
CAN-Kommunikation
Diagnose-Kommunikat.
End-of-Line-
Programmierung

Spannungsversorgung

Haupt-
relais

24V (12V*)

BOSCH

UP* (max. 8 pro Steuergerät)

oder
UI* (max. 8 pro Steuergerät)

Förderbeginn, -dauer

Ladedrucksteller

Motorbremse

Zusätzliche Endstufen
(z. B. Ventilatorsteuerung,
Flammstartanlage)

Aktoren

Diagnoselampe

ISO-Schnittstelle
(z. B. Diagnose)

CAN-Schnittstelle

Eingang für
PWM Signale

Drehzahlsignal
TD Signal

Kommunikation

UAE0735-1D

Datenverarbeitung

Die wesentliche Aufgabe der Elektronischen Dieselregelung (EDC) ist die Steuerung der Einspritzmenge und des Einspritzzeitpunkts. Das Speichereinspritzsystem Common Rail regelt auch noch den Einspritzdruck. Außerdem steuert das Motorsteuergerät bei allen Systemen verschiedene Stellglieder an. Die Funktionen der Elektronischen Dieselregelung müssen auf jedes Fahrzeug und jeden Motor genau angepasst sein. Nur so können alle Komponenten optimal zusammenwirken (Bild 2).

Das Steuergerät wertet die Signale der Sensoren aus und begrenzt sie auf zulässige Spannungspegel. Einige Eingangssignale werden außerdem plausibilisiert. Der Mikroprozessor berechnet aus diesen Eingangsdaten und aus gespeicherten Kennfeldern die Lage und die Dauer der Einspritzung und setzt diese in zeitliche Signalverläufe um, die an die Kolbenbewegung des Motors angepasst sind. Das Berechnungsprogramm wird „Steuergeräte-Software" genannt.

Wegen der geforderten Genauigkeit und der hohen Dynamik des Dieselmotors ist eine hohe Rechenleistung notwendig. Mit den Ausgangssignalen werden Endstufen angesteuert, die genügend Leistung für die Stellglieder liefern (z. B. Hochdruck-Magnetventile für die Einspritzung, Abgasrückführsteller und Ladedrucksteller). Außerdem werden noch weitere Komponenten mit Hilfsfunktionen angesteuert (z. B. Glührelais und Klimaanlage).

Diagnosefunktionen der Endstufen für die Magnetventile erkennen auch fehlerhafte Signalverläufe. Zusätzlich findet über die Schnittstellen ein Signalaustausch mit anderen Fahrzeugsystemen statt. Im Rahmen eines Sicherheitskonzepts überwacht das Motorsteuergerät auch das gesamte Einspritzsystem.

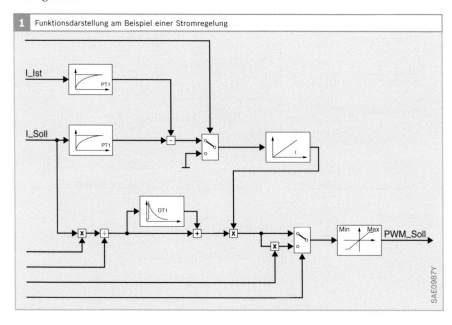

1 Funktionsdarstellung am Beispiel einer Stromregelung

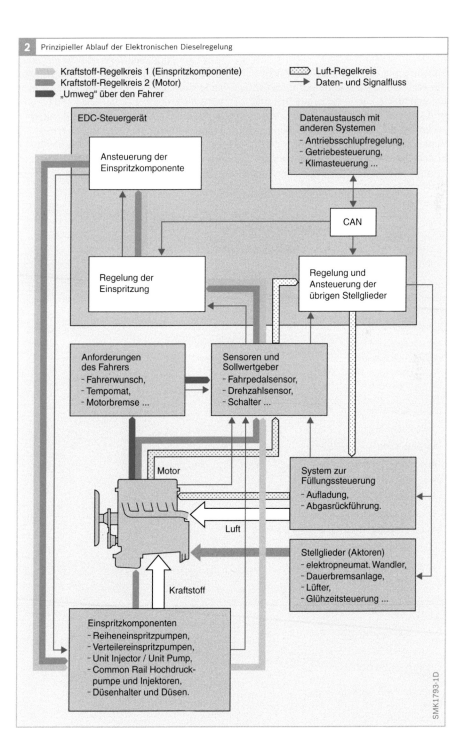

2 Prinzipieller Ablauf der Elektronischen Dieselregelung

Regelung der Einspritzung

Tabelle 1 gibt eine Funktionsübersicht der verschiedenen Regelfunktionen, die mit den EDC-Steuergeräten möglich sind. Bild 1 zeigt den Ablauf der Einspritzberechnung mit allen Funktionen. Einige Funktionen sind Sonderausstattungen. Sie können bei Nachrüstungen auch nachträglich vom Kundendienst im Steuergerät aktiviert werden.

Damit der Motor in jedem Betriebszustand mit optimaler Verbrennung arbeitet, wird die jeweils passende Einspritzmenge im Steuergerät berechnet. Dabei müssen verschiedene Größen berücksichtigt werden. Bei einigen magnetventilgesteuerten Verteilereinspritzpumpen erfolgt die Ansteuerung der Magnetventile für Einspritzmenge und Spritzbeginn über ein separates Pumpensteuergerät PSG.

1   Funktionsübersicht der EDC-Varianten für Kraftfahrzeuge

Einspritzsystem	Reihenein-spritzpumpen	Kanten-gesteuerte Verteilerein-spritzpumpen	Magnetventil-gesteuerte Verteilerein-spritzpumpen	Unit Injector System und Unit Pump System	Common Rail System
	PE	VE-EDC	VE-M, VR-M	UIS, UPS	CR
Funktion					
Begrenzungsmenge	●	●	●	●	●
Externer Momenteneingriff	●3)	●	●	●	●
Fahrgeschwindigkeits-begrenzung	●3)	●	●	●	●
Fahrgeschwindigkeits-regelung	●	●	●	●	●
Höhenkorrektur	●	●	●	●	●
Ladedruckregelung	●	●	●	●	●
Leerlaufregelung	●	●	●	●	●
Zwischendrehzahlregelung	●3)	●	●	●	●
Aktive Ruckeldämpfung	●2)	●	●	●	●
BIP-Regelung	–	–	●	●	–
Einlasskanalabschaltung	–	–	●	●2)	●
Elektronische Wegfahrsperre	●2)	●	●	●	●
Gesteuerte Voreinspritzung	–	–	●	●2)	●
Glühzeitsteuerung	●2)	●	●	●2)	●
Klimaabschaltung	●2)	●	●	●	●
Kühlmittelzusatzheizung	●2)	●	●	–	●
Laufruheregelung	●2)	●	●	●	●
Mengenausgleichsregelung	●2)	–	●	●	●
Lüfteransteuerung	–	●	●	●	●
Regelung der Abgasrück-führung	●2)	●	●	●2)	●
Spritzbeginnregelung mit Sensor	●1), 3)	●	●	–	–
Zylinderabschaltung	–	–	●3)	●3)	●3)

Tabelle 1
1)   Nur Hubschieber-Reiheneinspritzpumpen
2)   nur Pkw
3)   nur Nkw

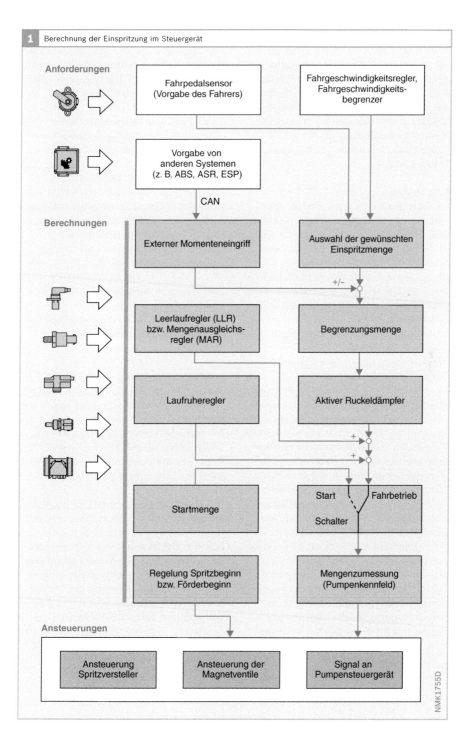

1 Berechnung der Einspritzung im Steuergerät

Anforderungen

Fahrpedalsensor
(Vorgabe des Fahrers)

Fahrgeschwindigkeitsregler,
Fahrgeschwindigkeits-
begrenzer

Vorgabe von
anderen Systemen
(z. B. ABS, ASR, ESP)

CAN

Berechnungen

Externer Momenteneingriff

Auswahl der gewünschten
Einspritzmenge

+/−

Leerlaufregler (LLR)
bzw. Mengenausgleichs-
regler (MAR)

Begrenzungsmenge

Laufruheregler

Aktiver Ruckeldämpfer

+

+

Startmenge

Start   Fahrbetrieb

Schalter

Regelung Spritzbeginn
bzw. Förderbeginn

Mengenzumessung
(Pumpenkennfeld)

Ansteuerungen

Ansteuerung
Spritzversteller

Ansteuerung der
Magnetventile

Signal an
Pumpensteuergerät

NMK1755D

Startmenge

Beim Starten wird die Einspritzmenge abhängig von der Kühlmitteltemperatur und der Drehzahl berechnet. Die Signale für die Startmenge werden vom Einschalten des Fahrtschalters (Bild 1, Schalter geht in Stellung „Start") bis zum Erreichen einer Mindestdrehzahl ausgegeben.

Der Fahrer hat auf die Startmenge keinen Einfluss.

Fahrbetrieb

Im normalen Fahrbetrieb wird die Einspritzmenge abhängig von Fahrpedalstellung (Fahrpedalsensor) und Drehzahl berechnet (Bild 1, Schalterstellung „Fahrbetrieb"). Die Berechnung stützt sich auf Kennfelder, die auch andere Einflussgrößen berücksichtigen (z. B. Kraftstoff-, Kühlmittel- und Ansauglufttemperatur). Fahrerwunsch und Motorleistung sind somit bestmöglich aufeinander abgestimmt.

Leerlaufregelung

Aufgabe der Leerlaufregelung (LLR) ist es, im Leerlauf bei nicht betätigtem Fahrpedal eine definierte Solldrehzahl einzuregeln. Diese Solldrehzahl kann je nach Betriebszustand des Motors variieren; so wird zum Beispiel bei kaltem Motor meist eine höhere Leerlaufdrehzahl eingestellt als bei warmem Motor. Zusätzlich kann z. B. bei zu niedriger Bordspannung, eingeschalteter Klimaanlage oder rollendem Fahrzeug ebenfalls die Leerlauf-Solldrehzahl angehoben werden. Da der Motor im dichten Straßenverkehr relativ häufig im Leerlauf betrieben wird (z. B. „Stop and Go" oder Halt an Ampeln), sollte die Leerlaufdrehzahl aus Emissions- und Verbrauchsgründen möglichst niedrig sein. Dies bringt jedoch Nachteile für die Laufruhe des Motors und für das Anfahrverhalten mit sich.

Die Leerlaufregelung muss bei der Einregelung der vorgegebenen Solldrehzahl mit sehr stark schwankenden Anforderungen zurechtkommen. Der Leistungsbedarf der vom Motor angetriebenen Nebenaggregate ist in weiten Grenzen variabel.

Der Generator beispielsweise nimmt bei niedriger Bordspannung viel mehr Leistung auf als bei hoher; hinzu kommen Anforderungen des Klimakompressors, der Lenkhilfepumpe, der Hochdruckerzeugung für die Dieseleinspritzung usw. Zu diesen externen Lastmomenten kommt noch das interne Reibmoment des Motors, das stark von der Motortemperatur abhängt und ebenfalls vom Leerlaufregler ausgeglichen werden muss.

Zum Einregeln der Leerlauf-Solldrehzahl passt der Leerlaufregler die Einspritzmenge so lange an, bis die gemessene Istdrehzahl gleich der vorgegebenen Solldrehzahl ist.

Enddrehzahlregelung (Abregelung)

Aufgabe der Enddrehzahlregelung (auch Abregelung genannt) ist es, den Motor vor unzulässig hohen Drehzahlen zu schützen. Der Motorhersteller gibt hierzu eine zulässige Maximaldrehzahl vor, die nicht für längere Zeit überschritten werden darf, da sonst der Motor geschädigt wird.

Die Abregelung reduziert die Einspritzmenge oberhalb des Nennleistungspunktes des Motors kontinuierlich. Kurz oberhalb der maximalen Motordrehzahl findet keine Einspritzung mehr statt. Die Abregelung muss aber möglichst weich erfolgen, um ein ruckartiges Abregeln des Motors beim Beschleunigen zu verhindern (Rampenfunktion). Dies ist umso schwieriger zu realisieren, je dichter Nennleistungspunkt und Maximaldrehzahl zusammenliegen.

Zwischendrehzahlregelung

Die Zwischendrehzahlregelung (ZDR) wird für Nkw und Kleinlaster mit Nebenabtrieben (z. B. Kranbetrieb) oder für Sonderfahrzeuge (z. B. Krankenwagen mit Stromgenerator) eingesetzt. Ist sie aktiviert, wird der Motor auf eine lastunabhängige Zwischendrehzahl geregelt.

Die Zwischendrehzahlregelung wird über das Bedienteil der Fahrgeschwindigkeitsregelung bei Fahrzeugstillstand aktiviert. Auf Tastendruck lässt sich eine Festdrehzahl im Datenspeicher abrufen. Zusätzlich lassen sich über dieses Bedienteil beliebige Drehzahlen vorwählen. Des Weiteren wird sie bei Pkw mit automatisiertem Schaltgetriebe (z. B. Tiptronic) zur Regelung der Motordrehzahl während des Schaltvorgangs eingesetzt.

Fahrgeschwindigkeitsregelung

Der Fahrgeschwindigkeitsregler (auch Tempomat genannt) ermöglicht das Fahren mit konstanter Geschwindigkeit. Er regelt die Geschwindigkeit des Fahrzeugs auf einen gewünschten Wert ein, ohne dass der Fahrer das Fahrpedal betätigen muss. Dieser Wert kann über einen Bedienhebel oder über Lenkradtasten eingestellt werden. Die Einspritzmenge wird so lange erhöht oder verringert, bis die gemessene Ist-Geschwindigkeit der eingestellten Soll-Geschwindigkeit entspricht.

Bei einigen Fahrzeugapplikationen kann durch Betätigen des Fahrpedals über die momentane Soll-Geschwindigkeit hinaus beschleunigt werden. Wird das Fahrpedal wieder losgelassen, regelt der Fahrgeschwindigkeitsregler die letzte gültige Soll-Geschwindigkeit wieder ein.

Tritt der Fahrer bei eingeschaltetem Fahrgeschwindigkeitsregler auf das Kupplungs- oder Bremspedal, so wird der Regelvorgang abgeschaltet. Bei einigen Applikationen kann auch über das Fahrpedal ausgeschaltet werden.

Bei ausgeschaltetem Fahrgeschwindigkeitsregler kann mithilfe der Wiederaufnahmestellung des Bedienhebels die letzte gültige Soll-Geschwindigkeit wieder eingestellt werden.

Eine stufenweise Veränderung der Soll-Geschwindigkeit über die Bedienelemente ist ebenfalls möglich.

Fahrgeschwindigkeitsbegrenzung

Variable Begrenzung

Die Fahrgeschwindigkeitsbegrenzung (FGB, auch Limiter genannt) begrenzt die maximale Geschwindigkeit auf einen eingestellten Wert, auch wenn das Fahrpedal weiter betätigt wird. Dies ist vor allem bei leisen Fahrzeugen eine Hilfe für den Fahrer, der damit Geschwindigkeitsbegrenzungen nicht unabsichtlich überschreiten kann.

Die Fahrgeschwindigkeitsbegrenzung begrenzt zu diesem Zweck die Einspritzmenge entsprechend der maximalen Soll-Geschwindigkeit. Sie wird durch den Bedienhebel oder durch „Kick-down" abgeschaltet. Die letzte gültige Soll-Geschwindigkeit kann mit Hilfe der Wiederaufnahmestellung des Bedienhebels wieder aufgerufen werden. Eine stufenweise Veränderung der Soll-Geschwindigkeit über den Bedienhebel ist ebenfalls möglich.

Feste Begrenzung

In vielen Staaten schreibt der Gesetzgeber feste Höchstgeschwindigkeiten für bestimmte Fahrzeugklassen vor (z. B. für schwere Nkw). Auch die Fahrzeughersteller begrenzen die maximale Geschwindigkeit durch eine feste Fahrgeschwindigkeitsbegrenzung. Sie kann nicht abgeschaltet werden.

Bei Sonderfahrzeugen können auch fest einprogrammierte Geschwindigkeitsgrenzen vom Fahrer angewählt werden (z. B. wenn bei Müllwagen Personen auf den hinteren Trittflächen stehen).

Aktive Ruckeldämpfung

Bei plötzlichen Lastwechseln regt die Drehmomentänderung des Motors den Fahrzeugantriebsstrang zu Ruckelschwingungen an. Fahrzeuginsassen nehmen diese Ruckelschwingungen als unangenehme periodische Beschleunigungsänderungen wahr (Bild 2, Kurve a). Aufgabe des Aktiven Ruckeldämpfers (ARD) ist es, diese Beschleunigungsänderungen zu verringern (b). Dies geschieht durch zwei getrennte Maßnahmen:

▸ Bei plötzlichen Änderungen des vom Fahrer gewünschten Drehmoments (Fahrpedal) reduziert eine genau abgestimmte Filterfunktion die Anregung des Triebstrangs (1).
▸ Schwingungen des Triebstrangs werden anhand des Drehzahlsignals erkannt und über eine aktive Regelung gedämpft. Diese reduziert die Einspritzmenge bei ansteigender Drehzahl und erhöht sie bei fallender Drehzahl, um so den entstehenden Drehzahlschwingungen entgegenzuwirken (2).

Laufruheregelung/Mengenausgleichsregelung

Nicht alle Zylinder eines Motors erzeugen bei einer gleichen Einspritzdauer das gleiche Drehmoment. Dies kann an Unterschieden in der Zylinderverdichtung, Unterschieden in der Zylinderreibung oder Unterschieden in den hydraulischen Einspritzkomponenten liegen. Folge dieser Drehmomentunterschiede ist ein unrunder Motorlauf und eine Erhöhung der Motoremissionen.

Die Laufruheregelung (LRR) bzw. die Mengenausgleichsregelung (MAR) haben die Aufgabe, solche Unterschiede anhand der daraus resultierenden Drehzahlschwankungen zu erkennen und über eine gezielte Anpassung der Einspritzmenge des betreffenden Zylinders auszugleichen. Hierzu wird die Drehzahl nach der Einspritzung in einen bestimmten Zylinder mit einer gemittelten Drehzahl verglichen. Liegt die Drehzahl des betreffenden Zylinders zu tief, wird die Einspritzmenge erhöht; liegt sie zu hoch, muss die Einspritzmenge reduziert werden (Bild 3).

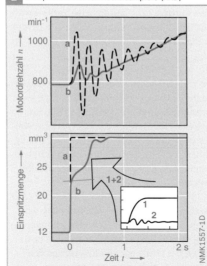

Bild 2
a Ohne aktivem Ruckeldämpfer
b mit aktivem Ruckeldämpfer
1 Filterfunktion
2 aktive Korrektur

2 | Beispiel des Aktiven Ruckeldämpfers (ARD)

NMK1557-1D

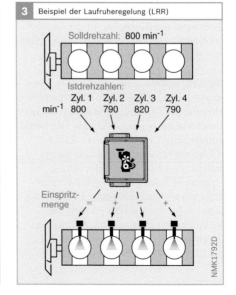

3 | Beispiel der Laufruheregelung (LRR)

Solldrehzahl: 800 min⁻¹

Istdrehzahlen:
min⁻¹ | Zyl. 1: 800 | Zyl. 2: 790 | Zyl. 3: 820 | Zyl. 4: 790

Einspritzmenge = + − +

NMK1792D

Die Laufruheregelung ist eine Komfort-funktion, deren primäres Ziel die Verbes-serung der Motorlaufruhe im Bereich der Leerlaufdrehzahl ist. Die Mengenaus-gleichsregelung soll zusätzlich zur Kom-fortverbesserung im Leerlauf die Emissio-nen im mittleren Drehzahlbereich durch eine Gleichstellung der Einspritzmengen der Motorzylinder verbessern.

Für Nkw wird die Mengenausgleichs-regelung auch AZG (Adaptive Zylinder-gleichstellung) bzw. SRC (Smooth Running Control) genannt.

Begrenzungsmenge
Würde immer die vom Fahrer gewünschte oder physikalisch mögliche Kraftstoff-menge eingespritzt werden, könnten fol-gende Effekte auftreten:
▸ zu hohe Schadstoffemissionen,
▸ zu hoher Rußausstoß,
▸ mechanische Überlastung wegen zu hohem Drehmoment oder Überdreh-zahl,
▸ thermische Überlastung wegen zu hoher Abgas-, Kühlmittel-, Öl- oder Turbolader-temperatur oder
▸ thermische Überlastung der Magnet-ventile durch zu lange Ansteuerzeiten.

Um diese unerwünschten Effekte zu ver-meiden, wird eine Begrenzung aus ver-schiedenen Eingangsgrößen gebildet (z. B. angesaugte Luftmasse, Drehzahl und Kühlmitteltemperatur). Die maximale Einspritzmenge und damit das maximale Drehmoment werden somit begrenzt.

Motorbremsfunktion
Beim Betätigen der Motorbremse von Nkw wird die Einspritzmenge alternativ entweder auf Null- oder Leerlaufmenge eingeregelt. Das Steuergerät erfasst für diesen Zweck die Stellung des Motorbrems-schalters.

Höhenkorrektur
Mit steigender Höhe nimmt der Atmo-sphärendruck ab. Somit wird auch die Zylinderfüllung mit Verbrennungsluft ge-ringer. Deshalb muss die Einspritzmenge reduziert werden. Würde die gleiche Menge wie bei hohem Atmosphärendruck eingespritzt, käme es wegen Luftmangel zu starkem Rauchausstoß.

Der Atmosphärendruck wird vom Umge-bungsdrucksensor im Steuergerät erfasst. Damit kann die Einspritzmenge in großen Höhen reduziert werden. Der Atmosphä-rendruck hat auch Einfluss auf die Lade-druckregelung und die Drehmoment-begrenzung.

Zylinderabschaltung
Wird bei hohen Motordrehzahlen ein ge-ringes Drehmoment gewünscht, muss sehr wenig Kraftstoff eingespritzt werden. Eine andere Möglichkeit zur Reduzierung des Drehmoments ist die Zylinderabschaltung. Hierbei wird die Hälfte der Injektoren abgeschaltet (UIS-Nkw, UPS, CR-System). Die verbleibenden Injektoren spritzen dann eine entsprechend höhere Kraftstoff-menge ein. Diese Menge kann mit höherer Genauigkeit zugemessen werden.

Durch spezielle Software-Algorithmen können weiche Übergänge ohne spürbare Drehmomentänderungen beim Zu- und Ab-schalten der Injektoren erreicht werden.

Injektormengenabgleich

Um die hohe Präzision des Einspritzsystems weiter zu verbessern und über die Fahrzeuglebensdauer zu gewährleisten, kommen für Common Rail (CR)- und UIS/UPS-Systeme neue Funktionen zum Einsatz.

Für den Injektormengenabgleich (IMA) wird innerhalb der Injektorfertigung für jeden Injektor eine Vielzahl von Messdaten erfasst, die in Form eines Datenmatrix-Codes auf den Injektor aufgebracht werden. Beim Piezo-Inline-Injektor werden zusätzlich auch Informationen über das Hubverhalten des Schaltventils (bestehend aus eigentlichem Ventil, Koppler und Aktor) hinzugefügt. Diese Zusatzinformationen bestehen aus der ISA-Klasse (Injektor Spannungsabgleich) und stellen sicher, dass der Injektor genau mit der individuell passenden Spannung angesteuert wird. Sie werden während der Fahrzeugfertigung in das Steuergerät übertragen. Während des Motorbetriebs werden diese Werte zur Kompensation von Abweichungen im Zumess- und Schaltverhalten verwendet.

Nullmengenkalibrierung

Von besonderer Bedeutung für die gleichzeitige Erreichung von Komfort- (Geräuschminderung) und Emissionszielen ist die sichere Beherrschung kleiner Voreinspritzungen über die Fahrzeuglebensdauer. Mengendriften der Injektoren müssen deshalb kompensiert werden. Hierzu werden in CR-Systemen der 2. und 3. Generation im Schubbetrieb gezielt in einen Zylinder eine kleine Kraftstoffmenge eingespritzt. Der Drehzahlsensor detektiert die daraus entstehende Drehmomentanhebung als kleine dynamische Drehzahländerung. Diese vom Fahrer nicht spürbare Drehmomentsteigerung ist in eindeutiger Weise mit der eingespritzten Kraftstoffmenge verknüpft. Der Vorgang wird nacheinander für alle Zylinder und für verschiedene Betriebspunkte wiederholt. Ein Lernalgorithmus stellt kleinste Veränderungen der Voreinspritzmenge fest und korrigiert die Ansteuerdauer für die Injektoren entsprechend für alle Voreinspritzungen.

Mengenmittelwertadaption

Für die korrekte Anpassung von Abgasrückführung und Ladedruck wird die Abweichung der tatsächlich eingespritzten Kraftstoffmenge vom Sollwert benötigt. Die Mengenmittelwertadaption (MMA) ermittelt dazu aus den Signalen von Lambda-Sonde und Luftmassenmesser den über alle Zylinder gemittelten Wert der eingespritzten Kraftstoffmenge. Aus dem Vergleich von Sollwert und Istwert werden Korrekturwerte berechnet (s. „Lambda-Regelung für Pkw-Dieselmotoren").

Die Lernfunktion MMA garantiert im unteren Teillastbereich gleich bleibend gute Emissionswerte über die Fahrzeuglebensdauer.

Druckwellenkorrektur

Einspritzungen lösen bei allen CR-Systemen Druckwellen in der Leitung zwischen Düse und Rail aus. Diese Druckschwingungen beeinflussen systematisch die Einspritzmenge späterer Einspritzungen (Vor-/Haupt-/Nacheinspritzungen) innerhalb eines Verbrennungszyklus. Die Abweichungen späterer Einspritzungen sind abhängig von den zuvor eingespritzten Mengen und dem zeitlichen Abstand der Einspritzungen, dem Raildruck und der Kraftstofftemperatur. Durch Berücksichtigung dieser Parameter in geeigneten Kompensationsalgorithmen berechnet das Steuergerät eine Korrektur.

Allerdings ist für diese Korrekturfunktion ein sehr hoher Applikationsaufwand erforderlich. Als Vorteil erhält man die Möglichkeit, den Abstand von z. B. Vor- und Haupteinspritzung flexibel zur Optimierung der Verbrennung anpassen zu können.

Funktionsbeschreibung

Der Injektormengenabgleich (IMA) ist eine Softwarefunktion zur Steigerung der Mengenzumessgenauigkeit und gleichzeitig der Injektor-Gutausbringung am Motor. Die Funktion hat die Aufgabe, die Einspritzmenge für jeden Injektor eines CR-Systems im gesamten Kennfeldbereich individuell auf den Sollwert zu korrigieren. Dadurch ergibt sich eine Reduktion der Systemtoleranzen und des Emissionsstreubandes. Die für die IMA benötigten Abgleichwerte stellen die Differenz zum Sollwert des jeweiligen Werksprüfpunktes dar und werden in verschlüsselter Form auf jeden Injektor beschriftet.

Mithilfe eines Korrekturkennfeldes, das mit den Abgleichwerten eine Korrekturmenge errechnet, wird der gesamte motorisch relevante Bereich korrigiert. Am Bandende des Automobilherstellers werden die EDC-Abgleichwerte der verbauten Injektoren und die Zuordnung zu den Zylindern über EOL-Programmierung in das Steuergerät programmiert. Auch bei einem Injektoraustausch in der Kundendienstwerkstatt werden die Abgleichwerte neu programmiert.

Notwendigkeit dieser Funktion

Die technischen Aufwendungen für eine weitere Einengung der Fertigungstoleranzen von Injektoren steigen exponentiell und erscheinen finanziell unwirtschaftlich. Der IMA stellt die zielführende Lösung dar, die Gutausbringung zu erhöhen und gleichzeitig die motorische Mengenzumessgenauigkeit und damit die Emissionen zu verbessern.

Messwerte bei der Prüfung

Bei der Bandendeprüfung wird jeder Injektor an mehreren Punkten, die repräsentativ für das Streuverhalten dieses Injektortyps sind, gemessen. An diesen Punkten werden die Abweichungen zum Sollwert (Abgleichwerte) berechnet und anschließend auf dem Injektorkopf beschriftet.

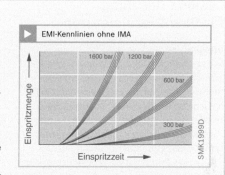

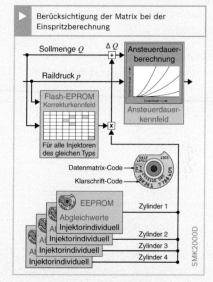

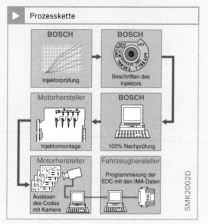

Bild 1
Kennlinien verschiedener Injektoren in Abhängigkeit des Raildrucks.
Der IMA reduziert die Streubreite der Kennlinien.
EMI Einspritzmengenindikator

Bild 2
Berechnung der Injektor-Ansteuerdauer aus Sollmenge, Raildruck und Korrekturwerten

Bild 3
Darstellung der Prozesskette vom Injektorabgleich bei Bosch bis zur Bandende-Programmierung beim Fahrzeughersteller

Lambda-Regelung für Pkw-Dieselmotoren

Anwendung

Die gesetzlich vorgeschriebenen Abgasgrenzwerte für Fahrzeuge mit Dieselmotoren werden zunehmend verschärft. Neben der Optimierung der innermotorischen Verbrennung gewinnen die Steuerung und die Regelung abgasrelevanter Funktionen zunehmend an Bedeutung. Ein großes Potenzial zu Verringerung der Emissionsstreuungen von Dieselmotoren bietet hier die Einführung der Lambda-Regelung.

Die Breitband-Lambda-Sonde im Abgasrohr (Bild 1, Pos. 7) misst den Restsauerstoffgehalt im Abgas. Daraus kann auf das Luft-Kraftstoff-Verhältnis (Luftzahl λ) geschlossen werden. Das Signal der Lambda-Sonde wird während des Motorbetriebs adaptiert. Dadurch wird eine hohe Signalgenauigkeit über deren Lebensdauer erreicht. Auf dieses Signal bauen verschiedene Lambda-Funktionen auf, die in den folgenden Abschnitten erklärt werden.

Für die Regeneration von NO_X-Speicherkatalysatoren werden Lambda-Regelkreise eingesetzt.

Die Lambda-Regelung eignet sich für alle Pkw-Einspritzsysteme mit Motorsteuergeräten ab der Generation EDC16.

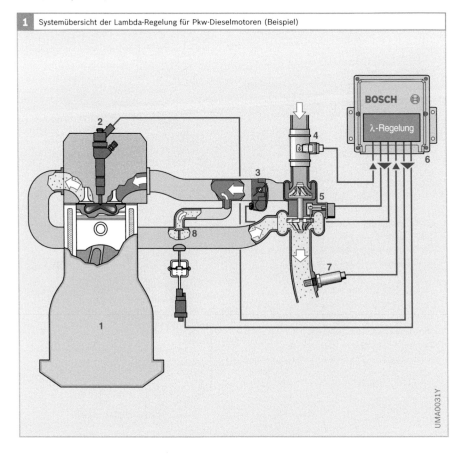

1 Systemübersicht der Lambda-Regelung für Pkw-Dieselmotoren (Beispiel)

UMA0031Y

Grundfunktionen

Druckkompensation

Das Rohsignal der Lambda-Sonde hängt
von der Sauerstoffkonzentration im Abgas
sowie vom Abgasdruck am Einbauort der
Sonde ab. Deshalb muss der Einfluss des
Drucks auf das Sondensignal ausgeglichen
(kompensiert) werden.

Die Funktion *Druckkompensation* enthält
je ein Kennfeld für den Abgasdruck und
für die Druckabhängigkeit des Messsignals
der Lambda-Sonde. Mithilfe dieser Mo-
delle erfolgt die Korrektur des Messsignals
bezogen auf den jeweiligen Betriebspunkt.

Adaption

Die Adaption der Lambda-Sonde berücksichtigt im Schub die Abweichung der
gemessenen Sauerstoffkonzentration von
der Frischluft-Sauerstoffkonzentration
(ca. 21 %). So wird ein Korrekturwert
„erlernt". Mit dieser erlernten Abweichung
kann in jedem Betriebspunkt des Motors

die gemessene Sauerstoffkonzentration
korrigiert werden. Damit liegt über die gesamte Lebensdauer der Lambda-Sonde ein
genaues, driftkompensiertes Signal vor.

Lambda-basierte Regelung der Abgasrückführung

Die Erfassung des Sauerstoffgehalts im
Abgas ermöglicht - verglichen mit einer
luftmassenbasierten Abgasrückführung -
ein engeres Toleranzband der Emissionen
über die Fahrzeugflotte. Damit können
im Abgastest für zukünftige Grenzwerte
ca. 10 ... 20 % Emissionsvorteil gewonnen
werden.

Mengenmittelwertadaption

Die Mengenmittelwertadaption liefert ein
genaues Einspritzmengensignal für die
Sollwertbildung abgasrelevanter Regelkreise. Den größten Einfluss auf die Emissionen hat dabei die Korrektur der Abgasrückführung.

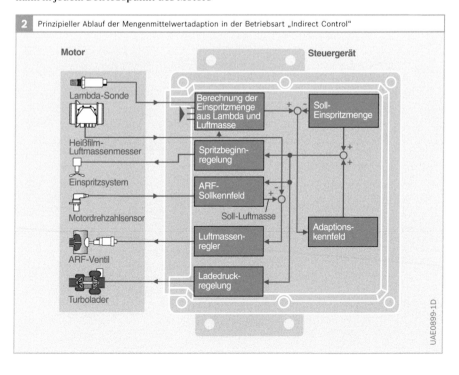

2 Prinzipieller Ablauf der Mengenmittelwertadaption in der Betriebsart „Indirect Control"

UAE0899-1D

Die Mengenmittelwertadaption arbeitet im unteren Teillastbereich. Sie ermittelt eine über alle Zylinder gemittelte Mengenabweichung.

Bild 2 (vorherige Seite) zeigt die grundsätzliche Struktur der Mengenmittelwertadaption und deren Eingriff auf die abgasrelevanten Regelkreise.

Aus dem Signal der Lambda-Sonde und dem Luftmassensignal wird die tatsächlich eingespritzte Kraftstoffmasse berechnet. Die berechnete Kraftstoffmasse wird mit dem Einspritzmassensollwert verglichen. Die Differenz wird in einem Adaptionskennfeld in definierten „Lernpunkten" gespeichert. Damit ist sichergestellt, dass eine betriebspunktspezifische Einspritzmengenkorrektur auch bei dynamischen Zustandsänderungen ohne Verzögerung bestimmt werden kann. Die Korrekturmengen werden im EEPROM des Steuergeräts gespeichert und stehen bei Motorstart sofort zur Verfügung.

Grundsätzlich gibt es zwei Betriebsarten der Mengenmittelwertadaption, die sich in der Verwendung der ermittelten Mengenabweichung unterscheiden:

Betriebsart „Indirect Control"
In der Betriebsart *Indirect Control* (Bild 2) wird ein genauer Einspritzmengensollwert als Eingangsgröße in verschiedene abgasrelevante Soll-Kennfelder verwendet. Die Einspritzmenge selbst wird in der Zumessung nicht korrigiert.

Betriebsart „Direct Control"
In der Betriebsart *Direct Control* wird die Mengenabweichung zur Korrektur der Einspritzmenge in der Zumessung verwendet, sodass die wirklich eingespritzte Kraftstoffmenge genauer mit der Soll-Einspritzmenge übereinstimmt. Hierbei handelt es sich (gewissermaßen) um einen geschlossenen Mengenregelkreis.

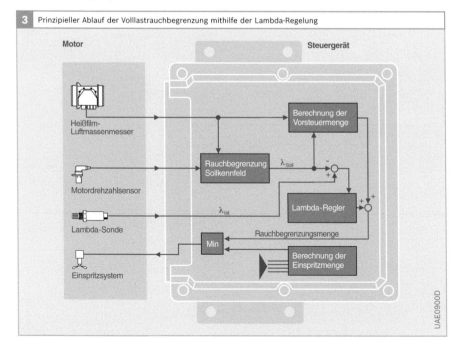

3 Prinzipieller Ablauf der Volllastrauchbegrenzung mithilfe der Lambda-Regelung

Motor

Steuergerät

Heißfilm-Luftmassenmesser

Berechnung der Vorsteuermenge

Motordrehzahlsensor

Rauchbegrenzung Sollkennfeld

λ_{Soll}

λ_{Ist}

Lambda-Sonde

Lambda-Regler

Rauchbegrenzungsmenge

Min

Einspritzsystem

Berechnung der Einspritzmenge

UAE0900D

Volllastrauchbegrenzung

Bild 3 zeigt das Prinzipbild der Regelstruktur für die Volllastrauchbegrenzung mit einer Lambda-Sonde. Ziel ist die Ermittlung der maximalen Kraftstoffmenge, die eingespritzt werden darf, ohne einen bestimmten Rauchwert zu überschreiten.

Mit den Signalen des Luftmassenmessers und des Motordrehzahlsensors wird der Lambda-Sollwert λ_{SOLL} über ein Rauchbegrenzungskennfeld ermittelt. Aus diesem Wert wird zusammen mit der Luftmasse der Vorsteuerwert für die maximal zulässige Einspritzmenge errechnet.

Dieser heute in Serie realisierten Steuerung wird eine Lambda-Regelung überlagert. Der Lambda-Regler berechnet aus der Differenz zwischen dem Lambda-Sollwert λ_{SOLL} und dem Lambda-Istwert λ_{IST} eine Korrekturkraftstoffmenge. Die Summe aus Vorsteuer- und Korrekturmenge ist ein exakter Wert für die maximale Volllast-Kraftstoffmenge.

Mit dieser Struktur ist eine gute Dynamik durch die Vorsteuerung und eine verbesserte Genauigkeit durch den überlagerten Lambda-Regelkreis erreichbar.

Erkennung unerwünschter Verbrennung

Mithilfe des Signals der Lambda-Sonde kann eine unerwünschte Verbrennung im Schubbetrieb erkannt werden. Diese wird dann erkannt, wenn das Signal der Lambda-Sonde unterhalb eines berechneten Schwellwertes liegt. Bei unerwünschter Verbrennung kann der Motor durch Schließen einer Regelklappe und des Abgasrückführventils abgestellt werden. Das Erkennen unerwünschter Verbrennung stellt eine zusätzliche Sicherheitsfunktion für den Motor dar.

Zusammenfassung

Mit einer lambdabasierten Abgasrückführung kann die Emissionsstreuung einer Fahrzeugflotte aufgrund von Fertigungstoleranzen oder Alterungsdrift wesentlich reduziert werden. Hierfür wird die Mengenmittelwertadaption eingesetzt.

Die Mengenmittelwertadaption liefert ein genaues Einspritzmengensignal für die Sollwertbildung abgasrelevanter Regelkreise. Dadurch wird die Genauigkeit dieser Regelkreise erhöht. Den größten Einfluss auf die Emissionen hat dabei die Korrektur der Abgasrückführung.

Zusätzlich kann durch den Einsatz einer Lambda-Regelung die Volllastrauchmenge exakt bestimmt und eine unerwünschte Verbrennung detektiert werden.

Die hohe Genauigkeit des Signals der Lambda-Sonde ermöglicht darüber hinaus die Darstellung eines Lambda-Regelkreises für die Regeneration von NO_X-Speicher-Katalysatoren.

Anwendung

Die Funktionen *Regeln* und *Steuern* haben für die verschiedenen Systeme im Kraftfahrzeug eine herausragende Bedeutung.

Die Benennung *Steuerung* erfolgt vielfach nicht nur für den Vorgang des Steuerns, sondern auch für die Gesamtanlage, in der die Steuerung stattfindet (deshalb auch die generelle Benennung *Steuergerät,* obwohl solch ein Gerät auch die Regelung vornimmt). Demnach laufen in den Steuergeräten Rechenprozesse sowohl für Steuerungs- als auch für Regelungsaufgaben ab.

Regeln

Das *Regeln* bzw. die *Regelung* ist ein Vorgang, bei dem eine Größe (Regelgröße x) fortlaufend erfasst, mit einer anderen Größe (Führungsgröße w_1) verglichen und abhängig vom Ergebnis dieses Vergleichs im Sinne einer Angleichung an die Führungsgröße beeinflusst wird. Der sich dabei ergebende Wirkungsablauf findet in einem geschlossenen Kreis (Regelkreis) statt.

Die Regelung hat die Aufgabe, trotz störender Einflüsse den Wert der Regelgröße an den durch die Führungsgröße vorgegebenen Wert anzugleichen.

Der *Regelkreis* (Bild 1a) ist ein in sich geschlossener Wirkungsweg mit einsinniger Wirkungsrichtung. Die Regelgröße x wirkt in einer Kreisstruktur im Sinne einer Gegenkopplung auf sich selbst zurück. Im Gegensatz zur Steuerung berücksichtigt eine Regelung den Einfluss aller Störgrößen (z_1, z_2) im Regelkreis. Beispiele für Regelsysteme im Kfz sind:

▶ Lambda-Regelung,
▶ Leerlaufdrehzahlregelung,
▶ ABS-/ASR-/ESP-Regelung,
▶ Klimaregelung (Innenraumtemperatur).

Steuern

Das *Steuern* bzw. die *Steuerung* ist der Vorgang in einem System, bei dem eine oder mehrere Größen als Eingangsgrößen andere Größen aufgrund der dem System eigentümlichen Gesetzmäßigkeit beeinflussen. Kennzeichen für das Steuern ist der offene Wirkungsablauf über das einzelne Übertragungsglied oder die Steuerkette.

Die *Steuerkette* (Bild 1b) ist eine Anordnung von Gliedern, die in Kettenstruktur aufeinander einwirken. Sie kann als Ganzes innerhalb eines übergeordneten Systems mit weiteren Systemen in beliebigem wirkungsgemäßem Zusammenhang stehen. Durch eine Steuerkette kann nur die Auswirkung der Störgröße bekämpft werden, die vom Steuergerät gemessen wird (z. B. z_1); andere Störgrößen (z. B. z_2) wirken sich ungehindert aus. Beispiele für Steuersysteme im Kfz sind:

▶ Elektronische Getriebesteuerung (EGS).
▶ Injektormengenabgleich und Druckwellenkorrektur bei der Einspritzmengenberechnung.

Bild 1
a   Regelkreis
b   Steuerkette
c   Wirkungsplan
    einer digitalen
    Regelung

w Führungsgröße
x Regelgröße
x_A Steuergröße
y Stellgröße
z_1, z_2 Störgrößen

T Abtastzeit
*   digitale Signalwerte
A   Analog
D   Digital

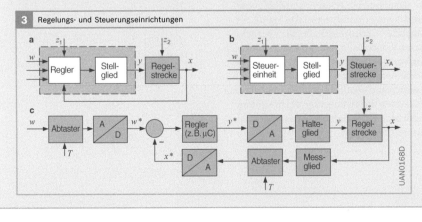

3   Regelungs- und Steuerungseinrichtungen

Momentengeführte EDC-Systeme

Die Motorsteuerung wird immer enger in die Fahrzeuggesamtsysteme eingebunden. Fahrdynamiksysteme (z. B. ASR), Komfortsysteme (z. B. Tempomat) und die Getriebesteuerung beeinflussen über den CAN-Bus die Elektronische Dieselregelung EDC. Andererseits werden viele der in der Motorsteuerung erfassten oder berechneten Informationen über den CAN-Bus an andere Steuergeräte weitergegeben.

Um die Elektronische Dieselregelung künftig noch wirkungsvoller in einen funktionalen Verbund mit anderen Steuergeräten einzugliedern und weitere Verbesserungen schnell und effektiv zu realisieren, wurden die Steuerungen der neuesten Generation einschneidend überarbeitet. Diese momentengeführte Dieselmotorsteuerung wird erstmals ab EDC16 eingesetzt. Hauptmerkmal ist die Umstellung der Modulschnittstellen auf Größen, wie sie im Fahrzeug auch auftreten.

Kenngrößen eines Motors

Die Außenwirkung eines Motors kann im Wesentlichen durch drei Kenngrößen beschrieben werden: Leistung P, Drehzahl n und Drehmoment M.

Bild 1 zeigt den typischen Verlauf von Drehmoment und Leistung über der Motordrehzahl zweier Dieselmotoren im Vergleich. Grundsätzlich gilt der physikalische Zusammenhang:

$$P = 2 \cdot \pi \cdot n \cdot M$$

Es genügt also völlig, z. B. das Drehmoment als Führungsgröße unter Beachtung der Drehzahl vorzugeben. Die Motorleistung ergibt sich dann aus der obigen Formel. Da die Leistung nicht unmittelbar gemessen werden kann, hat sich für die Motorsteuerung das Drehmoment als geeignete Führungsgröße herausgestellt.

Momentensteuerung

Der Fahrer fordert beim Beschleunigen über das Fahrpedal (Sensor) direkt ein einzustellendes Drehmoment. Unabhängig davon fordern andere externe Fahrzeugsysteme über die Schnittstellen ein Drehmoment an, das sich aus dem Leistungsbedarf der Komponenten ergibt (z. B. Klimaanlage, Generator). Die Motorsteuerung errechnet daraus das resultierende Motormoment und steuert die Stellglieder des Einspritz- und Luftsystems entsprechend an. Daraus ergeben sich folgende Vorteile:

▶ Kein System hat direkten Einfluss auf die Motorsteuerung (Ladedruck, Einspritzung, Vorglühen). Die Motorsteuerung kann so zu den äußeren Anforderungen auch noch übergeordnete Optimierungskriterien berücksichtigen (z. B. Abgasemissionen, Kraftstoffverbrauch) und den Motor dann bestmöglich ansteuern.
▶ Viele Funktionen, die nicht unmittelbar die Steuerung des Motors betreffen, können für Diesel- und Ottomotorsteuerungen einheitlich ablaufen.
▶ Erweiterungen des Systems können schnell umgesetzt werden.

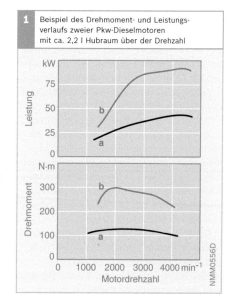

1 Beispiel des Drehmoment- und Leistungsverlaufs zweier Pkw-Dieselmotoren mit ca. 2,2 l Hubraum über der Drehzahl

NMM0556D

Bild 1
a Baujahr 1968
b Baujahr 1998

Ablauf der Motorsteuerung

Die Weiterverarbeitung der Sollwertvorgaben im Motorsteuergerät sind in Bild 2 schematisch dargestellt. Zum Erfüllen ihrer Aufgaben benötigen alle Steuerungsfunktionen der Motorsteuerung eine Fülle von Sensorsignalen und Informationen von anderen Steuergeräten im Fahrzeug.

Vortriebsmoment

Die Fahrervorgabe (d. h. das Signal des Fahrpedalsensors) wird von der Motorsteuerung als Anforderung für ein Vortriebsmoment interpretiert. Genauso werden die Anforderungen der Fahrgeschwindigkeitsregelung und -begrenzung berücksichtigt.

Nach dieser Auswahl des Soll-Vortriebsmoments erfolgt gegebenenfalls bei Blockiergefahr eine Erhöhung bzw. bei durchdrehenden Rädern eine Reduzierung des Sollwerts durch das Fahrdynamiksystem (ASR, ESP).

Weitere externe Momentanforderungen

Die Drehmomentanpassung des Antriebsstrangs muss berücksichtigt werden (Triebstrangübersetzung). Sie wird im Wesentlichen durch die Übersetzungsverhältnisse im jeweiligen Gang sowie durch den Wirkungsgrad des Wandlers bei Automatikgetrieben bestimmt. Bei Automatikfahrzeugen gibt die Getriebesteuerung die Drehmomentanforderung während des Schaltvorgangs vor, um mit reduziertem Moment ein möglichst ruckfreies, komfortables und zugleich ein das Getriebe schonendes Schalten zu ermöglichen. Außerdem wird noch ermittelt, welchen Drehmomentbedarf weitere vom Motor angetriebene Nebenaggregate (z. B. Klimakompressor, Generator, Servopumpe) haben. Dieser Drehmomentbedarf wird aus der benötigten Leistung und Drehzahl entweder von diesen Aggregaten selbst oder von der Motorsteuerung ermittelt.

Die Motorsteuerung addiert die Momentenanforderungen auf. Damit ändert sich das Fahrverhalten des Fahrzeugs trotz wechselnder Anforderungen der Aggregate und Betriebszustände des Motors nicht.

Innere Momentanforderungen

In diesem Schritt greifen der Leerlaufregler und der aktive Ruckeldämpfer ein.

Um z. B. eine unzulässige Rauchbildung durch zu hohe Einspritzmengen oder eine mechanische Beschädigung des Motors zu verhindern, setzt das Begrenzungsmoment, wenn nötig, den internen Drehmomentbedarf herab. Im Vergleich zu den bisherigen Motorsteuerungssystemen erfolgen die Begrenzungen nicht mehr ausschließlich im Kraftstoff-Mengenbereich, sondern je nach gewünschtem Effekt direkt in der jeweils betroffenen physikalischen Größe.

Die Verluste des Motors werden ebenfalls berücksichtigt (z. B. Reibung, Antrieb der Hochdruckpumpe). Das Drehmoment stellt die messbare Außenwirkung des Motors dar. Die Steuerung kann diese Außenwirkung aber nur durch eine geeignete Einspritzung von Kraftstoff in Verbindung mit dem richtigen Einspritzzeitpunkt sowie den notwendigen Randbedingungen des Luftsystems erzeugen (z. B. Ladedruck, Abgasrückführrate). Die notwendige Einspritzmenge wird über den aktuellen Verbrennungswirkungsgrad bestimmt. Die errechnete Kraftstoffmenge wird durch eine Schutzfunktion (z. B. gegen Überhitzung) begrenzt und gegebenenfalls durch die Laufruheregelung verändert. Während des Startvorgangs wird die Einspritzmenge nicht durch externe Vorgaben (wie z. B. den Fahrer) bestimmt, sondern in der separaten Steuerungsfunktion „Startmenge" berechnet.

Ansteuerung der Aktoren

Aus dem schließlich resultierenden Sollwert für die Einspritzmenge werden die Ansteuerdaten für die Einspritzpumpen bzw. die Einspritzventile ermittelt sowie der bestmögliche Betriebspunkt des Luftsystems bestimmt.

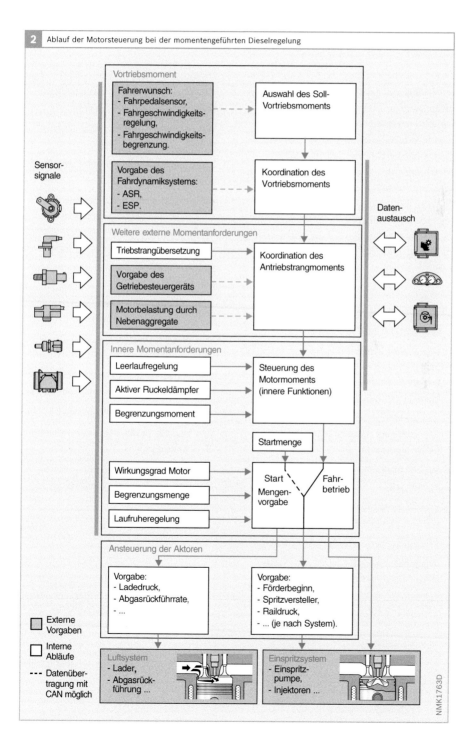

2 Ablauf der Motorsteuerung bei der momentengeführten Dieselregelung

Vortriebsmoment

Fahrerwunsch:
- Fahrpedalsensor,
- Fahrgeschwindigkeits-
  regelung,
- Fahrgeschwindigkeits-
  begrenzung.

Auswahl des Soll-
Vortriebsmoments

Vorgabe des
Fahrdynamiksystems:
- ASR,
- ESP.

Koordination des
Vortriebsmoments

Sensor-
signale

Daten-
austausch

Weitere externe Momentanforderungen

Triebstrangübersetzung

Koordination des
Antriebstrangmoments

Vorgabe des
Getriebesteuergeräts

Motorbelastung durch
Nebenaggregate

Innere Momentanforderungen

Leerlaufregelung

Steuerung des
Motormoments
(innere Funktionen)

Aktiver Ruckeldämpfer

Begrenzungsmoment

Startmenge

Wirkungsgrad Motor

Start
Mengen-
vorgabe

Fahr-
betrieb

Begrenzungsmenge

Laufruheregelung

Ansteuerung der Aktoren

Vorgabe:
- Ladedruck,
- Abgasrückführrate,
- ...

Vorgabe:
- Förderbeginn,
- Spritzversteller,
- Raildruck,
- ... (je nach System).

Externe
Vorgaben

Interne
Abläufe

- - - Datenüber-
tragung mit
CAN möglich

Luftsystem
- Lader,
- Abgasrück-
  führung ...

Einspritzsystem
- Einspritz-
  pumpe,
- Injektoren ...

NMK1763D

Verständnisfragen

Die Verständnisfragen dienen dazu, den Wissensstand zu überprüfen. Die Antworten zu den Fragen finden sich in den Abschnitten, auf die sich die jeweilige Frage bezieht. Daher wird hier auf eine explizite „Musterlösung" verzichtet. Nach dem Durcharbeiten des vorliegenden Teils des Fachlehrgangs sollte man dazu in der Lage sein, alle Fragen zu beantworten. Sollte die Beantwortung der Fragen schwer fallen, so wird die Wiederholung der entsprechenden Abschnitte empfohlen.

1. Wie sind Diesel-Einspritzsysteme aufgebaut und wie funktionieren sie?

2. Wie ist ein Common-Rail-System aufgebaut und wie funktioniert es? Wie funktioniert die Kraftstoffversorgung und die Hochdruckregelung?

3. Welche Hochdruck Komponenten eines Common-Rail-Systems gibt es und wie funktionieren sie?

4. Welche Injektoren gibt es und wie funktionieren sie?

5. Welche Hochdruckpumpen gibt es und wie funktionieren sie?

6. Wie funktionieren Hochdrucksensoren?

7. Wie funktionieren Einzelzylinder-Systeme zur Dieseleinspritzung?

8. Wie ist ein Unit Injector System aufgebaut und wie funktioniert es?

9. Wie funktioniert das Hochdruckmagnetventil?

10. Wie ist ein Unit Pump System aufgebaut und wie funktioniert es?

11. Welche Hochdruckverbindungen gibt es, wo werden sie eingesetzt und wie funktionieren sie?

12. Wie ist der Niederdruckteil der Kraftstoffversorgung aufgebaut und wie funktioniert er?

13. Welche Arten von Kraftstoffpumpen gibt es und wie funktionieren sie?

14. Wie ist ein Kraftstofffilter aufgebaut und wie funktioniert er?

15. Wie ist eine elektronische Dieselregelung aufgebaut und wie funktioniert sie?

16. Wie wird die Einspritzung geregelt?

17. Wie funktioniert die λ-Regelung für Pkw-Dieselmotoren?

18. Wie funktionieren Momenten-geführte Systeme zur Regelung von Dieselmotoren?

Abkürzungsverzeichnis

A

ACEA: Association des Constructeurs Européens d'Automobiles (Verband der europäischen Automobilhersteller)

ADC: Analog/Digital-Converter (Analog/Digital-Wandler)

AGR: Abgasrückführung

AHR: Abgashubrückmelder

ARD: Aktive Ruckeldämpfung

ASIC: Application Specific Integrated Circuit (anwendungsbezogene integrierte Schaltung)

ASR: Antriebsschlupfregelung

ASTM: American Society for Testing and Materials

ATL: Abgasturbolader

AU: Abgasuntersuchung

B

BDE: Benzin-Direkteinspritzung

BIP-Signal: Begin of Injection Period-Signal (Signal der Förderbeginnerkennung)

BMD: Bag Mini Diluter (Verdünnungsanlage)

C

CAFÉ: Corporate Average Fuel Efficiency

CAN: Controller Area Network

CARB: California Air Resources Board

CCRS: current Controlled Rate Shaping (stromgeregelte Einspritzverlaufsformung)

CDPF: Catalyzed Diesel Particulate Filter (katalytisch beschichteter Partikelfilter)

CFPP: Cold Filter Plugging Point (Filterverstopfungspunkt bei Kälte)

CFR: Cooperative Fuel Research

CFV: Critical Flow Venturi

CLD: Chemielumineszenzdetektor

COP: Conformity of Production

CPU: Central Processing Unit

CR: Common Rail

CRT: Continuously Regenerating Trap (kontinuierlich regenerierendes Partikelfiltersystem)

CSF: Catalyzed Soot Filter (katalytisch beschichteter Partikelfilter)

CVS: Constant Volume Sampling

CZ: Cetanzahl

D

DCU: DENOXTRONIC Control Unit

DFPM: Diagnose-Fehlerpfad-Management

DHK: Düsenhalterkombination

DI: Direct Injection (Direkteinspritzung)

DME: Dimethylether

DOC: Diesel Oxidation Catalyst (Diesel-Oxidationskatalysator)

DPF: Dieselpartikelfilter

DSCHED: Diagnose-Funktions-Scheduler

DSM: Diagnose-System-Management

DVAL: Diagnose-Validator

E

ECE: Economic Comission for Europe (Europäische Wirtschaftskommission der Vereinten Nationen)

EDC: Elektronic Diesel Control (Elektronische Dieselregelung)

EDR: Enddrehzahlregelung

EEPROM: Electrically Erasable Programmable Read Only Memory

EEV: Enhanced Environmentally-Friendly Vehicle

EGS: Elektronische Getriebesteuerung

EIR: Emission Information Report

EKP: Elektrokraftstoffpumpe

ELPI: Electrical Low Pressure Impactor

ELR: Elektronische Leerlaufregelung

ELR: European Load Response

EMI: Einspritzmengenindikator

EMV: Elektromagnetische Verträglichkeit

EOBD: European OBD

EOL-Programmierung: End-Of-Line-Programmierung

EPA: Environmental Protection Agency (US-Umwelt-Bundesbehörde)

EPROM: Erasable Programmable Read Only Memory

ESC: European Steady-State Cycle

ESP: Elektronisches STabilitäts-Programm

ETC: European Transient Cycle

euATL: Elektrisch unterstützter Abgasturbolader

EWIR: Emissions Warranty Information Report

F

FAME: Fatty Acid Methyl Ester (Fettsäure-
methylester)
FID: Flammenionisationsdetektor
FIR: Field Information Report
FR: First Registration (Erstzulassung)
FTIR: Fourier-Transfom-Infrarot (-Spektroskopie)
FTP: Federal Test Procedure

G

GC: Gaschromatographie
GDV: Gleichdruckventil
GRV: Gleichraumventil
GLP: Glow Plug (Glühstiftkerze)

H

H-Pumpe: Hubschieber-Reiheneinspritzpumpe
HBA: Hydraulisch betätigte Angleichung
HCCI: Homogeneous Compressed Combustion
Ignition
HD: Hochdruck
HDK: Halb-Differenzial-Kurzschlussringsensor
HDV: Heavy-Duty Vehicle
HFM: Heißfilm-Luftmassenmesser
HFRR-Methode: High Frequency Reciprocating
Rig
HGB: Höchstgeschwindigkeitsbegrenzung
H-Kat: Hydrolye-Katalysator
HLDT: Heavy-Light-Duty Truck
HRR-Methode: High Frequency Reciprocating
Rig (Verschleißprüfung)
HSV: Hydraulische Startmengenverriegelung
HWL: Harnstoff-Wasser-Lösung

I

IC: Integrated Circuit (Integrierte Schaltung)
IDI: Indirect Injection (Indirekte Einspritzung,
Kammermotor)
IMA: Injektormengenabgleich
ISO: International Organziation for
Standardization
IWZ-Signal: Inkremental-Winkel-Zeit-Signal

J

JAMA: Japan Automobile Manufacturers
Association

K

KMA: Kontinuierliche Mengenanalyse
KSB: Kaltstartbeschleuniger
KW: Kurbelwellenwinkel
KWP: Keyword Protocol

L

LDA: Ladedruckabhängiger Vollfastanschlag
LDR: Ladedruckregelung
LDT: Light-Duty Truck
LDV: Light-Duty Vehicle
LED: Light-Emitting Diode (Leuchtdiode)
LEV: Low-Emission Vehicle
LFG: Leerlauffeder gehäusefest
LLDT: Light Light-Duty Truck
LLR: Leerlaufregelung
LRR: Laufruheregelung
LSF: (Zweipunkt-)Finger-Lambda-Sonde
LSU: (Breitband-)Lambda-Sonde-Universal

M

MAB: Mengenabstellung
MAR: Mengenausgleichsregelung
MBEG: Mengenbegrenzung
MC: Microcomputer
MDPV: Medium Duty Passenger Vehicle
MDV: Medium-Duty Vehicle
MI: Main Injection
MIL: Malfunction Indicator Lamp (Diagnoselampe)
MKL: Mechanischer Kreiselader (mechanischer
Strömungslader)
MMA: Mengenmittelwertadaption
MNEFZ: Modifizierter Neuer Europäischer
Fahrzyklus
MSG: Motorsteuergerät
MV: Magnetventil
MVL: Mechanischer Verdrängerlader

N

NBF: Nadelbewegungsfühler
NBS: Nadelbewegungssensor
ND: Niederdruck
NDIR-Analysator: Nicht-dispersiver Infrarot-
Analysator
NEFZ: Neuer Europäischer Fahrzyklus
Nkw: Nutzkraftwagen
NLK: Nachlaufkolben (-Spritzversteller)
NMHC: Nicht-methanhaltige Kohlenwasserstoffe
NMOG: Nicht-methanhaltige organische Gase
NSC: NO_x Storage Catalyst (NO_x-Speicher-
katalysator)
NTC: Negative Temperature Coefficient
NW: Nockenwellenwinkel

O

OBD: On-Board-Diagnose
OHW: Off-Highway
OT: Oberer Totpunkt (des Kolbens)
Oxi-Kat: Oxidationskatalysator

P

PASS: Photo-acoustic Soot Sensor
PDE: Pumpe-Düse-Einheit (Unit Injector System)
PDP: Positive Displacement Pump
PF: Partikelfilter
pHCCI: partly Homogeneous Compressed
    Combustion Ignition
PI: Pilot Injection (auch: Voreinspritzung, VE)
Pkw: Personenkraftwagen
PLA: Pneumatische Leerlaufanhebung
PLD: Pumpe-Leitung-Düse (Unit Pump System)
PM: Partikelmasse
PMB: Paramagnetischer Detektor
PNAB: Pneumatische Abstellvorrichtung
PO: Post Injection (auch: Nacheinspritzung, NE)
PSG: Pumpensteuergerät
PTC: Positive Temperature Coefficient
PWG: Pedalwertgeber
PWM: Pulsweitenmodulation
PZEV: Partial Zero-Emission Vehicle

R

RAM: Random Access Memory (Schreib-
    Lesespeicher)
RDV: Rückstromdrosselventil
RIV: Regler-Impuls-Verfahren
RME: Rapsölmethylester
ROM: Read Only Memory (Nur-Lese-Speicher)
RSD: Rückströmdrosselventil
RWG: Regelweggeber
RZP: Rollenzellenpumpe

S

SAE: Society of Automotive Engineers
    (Organisation der Automobilindustrie
    in den USA)
SCR: Selective Catalytic Reduction (selective
    katalytische Reduktion)
SD: Steuergeräte-Diagnose
SFTP: Supplement Federal Test Procedure
SG: Steuergerät
SME: Sojamethylester
SMPS: Scanning Mobility Particle Sizer
SRC: Smooth Running Control (Mengenaus-
    gleichsregelung bei Nkw)
SULEV: Super Ultra-Low-Emission Vehicle
SV: Spritzverzug
SZ: Schwärzungszahl

T

TA: Type Approval (Typzertifizierung)
THC: Gesamt-Kohlenwasserstoffkonzentration
TLEV: Transitional Low-Emission Vehicle
TME: Tallow Methyl Ester (Rindertalgester)

U

UDC: Urban Driving Cycle
UFOME: Used Frying Oil Methyl Ester
    (Altspeisefettester)
UIS: Unit Injector System
ULEV: Ultra-Low-Emission Vehicle
UPS: Unit Pump System
UT: Unterer Totpunkt (des Kolbens)

V

VE: Voreinspritzung
VST-Lader: Turbolader mit variabler
    Schieberturbine
VTG-Lader: Turbolader mit variabler
    Turbinengeometrie

W

WSD: Wear Scar Diameter („Verschleißkalotten"-
    Durchmesser bei der HFRR-Methode)
WWH-OBD: World Wide Harmonized On Board
    Diagnostics

Z

ZEV: Zero-Emission Vehicle
O-EVAP: zero evaporation

Printed in the United States
By Bookmasters